"十四五"职业教育国家规划教材

全国测绘地理信息类职业教育"十四五"规划教材

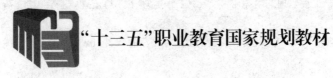

"十三五"职业教育国家规划教材

测绘工程监理

（第 2 版）

主　编　周　园
副主编　李英会　王晓春　杨书胜
主　审　邹自力

本书立体化资源

黄 河 水 利 出 版 社

·郑州·

内 容 提 要

本书是"十四五"职业教育国家规划教材,"十三五"职业教育国家规划教材。全书共分为 11 个项目及附录,包括测绘工程监理基本知识,测绘工程监理单位,测绘工程监理招投标,测绘工程监理人员与监理组织,测绘工程监理的质量控制,测绘工程监理的进度控制,测绘工程监理的投资控制,测绘工程监理的合同管理与信息管理,测绘工程监理的组织协调,测绘工程监理文件与监理资料,测绘工程监理实例及监理用表格等。

本书主要作为全国高职高专院校测绘类专业学生的专业教材,也可以作为相关专业和工程技术人员的参考用书。

图书在版编目(CIP)数据

测绘工程监理/周园主编. —2 版. —郑州:黄河水利出版社,2020.1(2024.8　修订重印)

"十三五"职业教育国家规划教材

ISBN 978-7-5509-2449-9

Ⅰ. ①测…　Ⅱ. ①周…　Ⅲ. ①工程测量-测量监理-高等职业教育-教材　Ⅳ. ①TB22

中国版本图书馆 CIP 数据核字(2019)第 151538 号

策划编辑:陶金志　电话:0371-66025273　E-mail:838739632@ qq. com

责任编辑　贾会珍		责任校对　母建茹	
封面设计　黄瑞宁		责任监制　常红昕	

出版发行　黄河水利出版社

地址:河南省郑州市顺河路 49 号　邮政编码:450003

网址:www.yrcp.com　E-mail:hhslcbs@ 126. com

发行部电话:0371-66020550

承印单位　河南承创印务有限公司

开　　本　787 mm×1 092 mm　1/16

印　　张　11

字　　数　261 千字

版次印次　2020 年 1 月第 2 版　　2024 年 8 月第 3 次印刷

　　　　　2024 年 8 月修订

定　　价　35.00 元

第 2 版前言

党的二十大报告提出:"实施科教兴国战略,强化现代化建设人才支撑""办好人民满意的教育""深入实施人才强国战略",为新时代职业教育改革发展明确了发展方向,绘就了宏伟蓝图。本教材是为了适应新时代高职高专教育改革与发展的需要,满足测绘类专业学生适应测绘行业的需求,作者团队结合测绘类专业的教育标准、培养目标及该门课程的教学基本要求编写了本书。本书是"十四五"职业教育国家规划教材,"十三五"职业教育国家规划教材。

本教材为全国高职高专院校测绘类专业的专业教材。编写目的在于结合测绘行业的实际需要,使学生系统地掌握测绘工程监理的基本理论、方法及相关知识;强化学生测绘工程监理的"三控制""二管理"和"一协调"技能,从而具备从事测绘工程监理,解决测绘工程中实际问题的能力。

本教材以《中华人民共和国测绘法》为基础,以我国测绘法律、法规及规范为依据,紧密结合专业特点,结合教学需求与实践经验,参考国内工程监理方面的相关资料,同时注重教材内容的简练、严谨,具有针对性、实用性和先进性等特色。全书共分为十一章及附录。第一章对测绘工程监理的基本知识进行了概述;第二章介绍了测绘工程监理单位的特征、资质、业务范围、经营准则以及与测绘工程各方的关系等;第三章介绍了测绘工程监理招标投标的基本原则和一般程序;第四章介绍了测绘工程监理人员与监理组织;第五章介绍了测绘工程监理质量控制的作用、依据和内容、方法和手段及影响质量控制的因素;第六章介绍了测绘工程监理进度控制的内容、方法、影响因素以及进度违约责任与工期拖延的处理;第七章介绍了测绘工程监理的动态投资控制、测绘工程款的支付、变更及索赔;第八章介绍了测绘工程监理的合同管理与信息管理;第九章介绍了测绘工程监理组织协调的工作内容及方法;第十章介绍了测绘工程监理方案、规划、实施细则以及各阶段报告的编写;第十一章列举了国家西部测图工程外业监理,城市基础地理信息系统建设数据采集与成图工程监理以及城镇地籍数据库建设工程监理,附录中列出了监理用的表格。本教材除用于全国高职高专院校测绘类专业学生的专业教材外,还可以作为相关专业和工程技术人员的参考用书。

参加本教材编写工作的人员有:辽宁生态工程职业学院周园(第一、四、八、九、十章)、甘肃林业职业技术学院王晓春(第二、五章)、辽宁生态工程职业学院李英会(第三章、附录)、天津石油职业技术学院杨书胜(第六、七、十一章)。全书由周园担任主编并统稿;由李

英会、王晓春、杨书胜担任副主编;由东华理工大学长江学院邹自力教授担任主审。

本教材编写过程中,参阅大量文献和资料,借鉴了测绘工程监理理论研究和优秀成果,引用已发表的文献资料和教材的相关内容,并得到了众多院校老师和测绘行业专家的热心帮助和支持,在此致以诚挚的谢意!

为了不断提高教材质量,编者于2024年7月根据近年来国家及行业最新颁布的规范、标准、规定等,以及在教学实践中发现的问题和错误,对全书进行了修订完善。本次修订以习近平新时代中国特色社会主义思想为指导,全面贯彻落实党的二十大精神、立德树人根本任务,将党的二十大精神融入教学实践中。由于时间和水平有限,书中难免出现不足之处,恳请读者予以批评指正。

编 者

2024 年 7 月

目 录 ·1·

目 录

项目一　测绘工程监理基本知识

任务一　测绘工程监理概述

测绘工程监理
基本知识

工程监理

一、监理

"监理"是一个组合词,也是一项工作。"监"是从旁监视、督察的意思,是一项目标性非常明确的具体行为。它有视察、检查、评价、控制等纠偏及督促实现目标的意思。"理"通常指条理、准则,也有梳理、协调的意思,它是计划、组织、指挥、协调等从中梳理、实现目标的意思。

监理是指由一个机构或者一个执行者,依据一定的行为准则,对某一行为主体进行检查、督促、梳理、协调,使其行为符合准则要求,顺利地实现其行为目标。

实施监理活动,应该具备的基本条件如下:

(1)必须有监理组织,即明确监理的"执行者"。

(2)必须有监理的工作依据,即明确监理的行为"准则"。

(3)必须有被监理的行为和行为主体,即明确被监理的"对象"。

(4)必须有监理的目的,即明确监理的思想、理论、方法和手段。

二、工程监理

工程监理就是监理的执行者,依据有关工程的法律法规和技术标准,采用科学的方法和技术手段,对工程参与者的行为及其职责、权利,进行必要的监管与约束,促使工程的进度、质量和投资按计划实现,避免工程参与者行为的随意性和盲目性,使工程目标得以顺利的、最佳的实现。

三、测绘工程监理

测绘工程监理,是指依法成立的测绘工程监理单位,接受测绘工程业主的委托和授权,依据国家有关的测绘法律法规,以及国家有关部门颁发的技术规范和标准,按照国家测绘主管部门批准的测绘工程文件、测绘工程委托监理合同,以及其他的测绘工程合同等,对测绘工程实施的专业化监督管理的活动。

测绘工程监理是对测绘工程参与者的行为进行监控、督导和评价,使测绘工程参与者的工作行为符合国家的法律法规,防止测绘工程参与者工作行为的随意性和盲目性,使工程质量、工程进度、工程投资等按计划实现,确保工程行为的合法性、科学性、合理性和经济性。

四、测绘工程监理的内涵

(一)测绘工程监理是针对测绘工程项目所进行的监督管理活动

测绘工程监理活动是围绕着具体的测绘工程项目来进行的,离开了测绘工程项目,也就没有了监理的活动。测绘工程监理是直接为测绘工程项目提供监管服务的行业,测绘工程项目则是测绘工程监理的服务"对象"。

(二)测绘工程监理行为的执行者是监理单位

测绘工程监理单位是依法成立的、独立的,具有社会化、专业化等特点的专门从事测绘工程监理活动的经济组织。在测绘工程中它是独立的"第三方"。只有测绘工程监理单位才能对测绘工程,按照独立、自主的原则,以"公正的第三方"的身份开展测绘工程监理活动。而非测绘工程监理单位进行的监督活动不能称为测绘工程监理。

(三)测绘工程监理实施的前提是业主的委托和授权

测绘工程监理制规定,对测绘工程实施监理的测绘工程监理单位,必须有测绘工程业主单位的委托和授权,即测绘工程监理不是强制性的,而是委托性的。测绘工程业主单位与其委托的测绘工程监理单位应当订立书面测绘工程委托监理合同。测绘工程监理单位是经测绘工程业主单位的授权,代表测绘工程业主单位对测绘生产单位的行为进行监控,即测绘工程监理只有在测绘工程业主单位委托的情况下才能进行。只有与测绘工程业主单位订立书面委托监理合同,明确了监理的范围、内容、权利、义务、责任等,测绘工程监理单位才能在规定的范围内行使管理权,合法地开展测绘工程监理。测绘工程监理单位在委托监理的工程中拥有一定的管理权限,能够开展管理活动,这是测绘工程业主单位授权的结果。

测绘生产单位根据法律法规的规定,以及他与测绘工程业主单位签订的有关测绘生产合同的规定,接受测绘工程监理单位对其测绘生产行为进行的监督管理,接受并配合测绘工程监理单位的监理工作是测绘生产单位履行合同的一种行为。测绘工程监理单位对测绘生产单位的哪些行为实施监理,要根据有关合同的规定。例如,只是委托测绘工程实施阶段的监理,则测绘工程监理单位只能根据委托监理合同和测绘生产合同对测绘工程实施阶段行为实行监理;如果是委托全过程监理,则测绘工程监理单位就要根据委托监理合同对测绘工程的前期阶段、实施阶段、检查验收阶段,甚至招标阶段的行为实行监理。

(四)测绘工程监理是有明确依据的行为

测绘工程监理是严格按照国家有关的法律法规及规章,国家有关部门颁发的技术规范、技术标准,国家批准的测绘工程生产文件,测绘工程业主单位委托的监理合同和有关的测绘生产合同等进行监督、管理及评价的工作。

(1)有关的法律法规及规章。如《中华人民共和国测绘法》《中华人民共和国合同法》《中华人民共和国招标投标法》等有关的法律,《中华人民共和国测绘成果管理条例》《地图管理条例》《基础测绘条例》等有关的行政法规和地方性法规,《地图审核管理规定》《房产测绘管理办法》等有关的部门规章和政府规章,《测绘生产质量管理规定》《测绘地理信息质量管理办法》《关于加强测绘质量管理的若干意见》等有关的重要规范性文件。

(2)有关的技术规范、技术标准。如《国家三、四等水准测量规范》(GB/T 12898—2009)、《全球定位系统(GPS)测量规范》(GB/T 18314—2009)、《城市测量规范》(CJJ/T 8—2011)、《测绘成果质量检查与验收》(GB/T 24356—2009)、《测绘技术总结编写规定》(CH/T

1001—2005)、《数字测绘成果质量检查与验收》(GB/T 18316—2008)等有关具体测绘工程的技术规范与标准。

(3)测绘工程生产文件。如有关的测绘生产任务书、技术设计书、投标文件或成果质量检查、验收文件,政府下达的指令性文件、批准的可行性研究报告等。

(4)合同。如测绘工程业主单位与测绘工程监理单位签订的委托监理合同,测绘工程业主单位与测绘生产单位签订的测绘生产合同等。

(五)测绘工程监理是微观性质的监督管理活动

测绘工程监理是针对一个具体的测绘工程项目展开的,它需要深入到测绘工程生产活动中,紧紧围绕着测绘工程项目的各项生产活动和投资活动而进行的有效的监督管理。这样才能协助测绘工程业主单位在预定的目标内完成测绘工程项目。测绘工程监理注重具体工作的实际效益,属于微观层次。

政府职能部门对测绘工程项目的监管属于宏观性质,它不能达到直接参与日常活动细节的监管深度,是纵向的、强制性的对整个测绘工程生产及测绘工程监理单位实施的监管,且被监管者必须接受。政府职能部门是通过强制性的立法、执法来规范测绘市场的。

五、测绘工程监理发展现状

1988 年,我国首先在工程建设领域开始试行监理机制,对加强工程项目管理收到了良好的效果。在总结大量实践经验和理论研究成果的基础上,1992 年在工程建设领域全面推行监理机制。为了加强对建设工程质量的管理,保证建设工程质量,保护人民生命和财产安全,2000 年 1 月 30 日,国务院颁布了《建设工程质量管理条例》。2006 年 1 月 26 日,建设部修订了《注册监理工程师管理规定》,加强了对监理从业人员的管理。2007 年 3 月 30 日,国家发改委和住建部修订了《建设工程监理与相关服务收费管理规定》,规范了建设工程监理及相关服务收费行为。为了加强工程监理企业资质管理,规范建设工程监理活动,2007 年 6 月 26 日,建设部修订了《工程监理企业资质管理规定》。2012 年 3 月 27 日,住房和城乡建设部及国家工商行政管理总局修订了《建设工程委托监理合同(示范文本)》(GF—2000—2002),维护了建设工程监理合同当事人的合法权益。为了进一步提高建设工程监理水平,规范建设工程监理行为,2013 年 5 月 13 日,住房和城乡建设部修订了《建设工程监理规范》(GB/T 50319—2013),它是项目监理机构具体从事施工阶段全方位监理工作的依据。2017 年 7 月 7 日,住房和城乡建设部发布了《关于促进工程监理行业转型升级创新发展的意见》,明确了我国工程监理行业未来的主要目标、任务等。

改革开放以来,伴随市场经济体制的建立和不断完善,我国经济持续高速发展,国民经济和社会发展对测绘成果的需求日益增强,测绘项目呈现出项目规模大、投资金额高、技术性强、生产工序复杂和成果形式多样等特点。随着 3S 技术、计算机技术、互联网技术的发展,传统的生产流程逐渐被新的工序衔接所替代,从以单纯的坐标数据和纸质线划图为代表的传统成果,到以 4D 产品为代表的基础地理信息,再到三维激光点云数据、立体空间实景模型等,测绘产品的服务领域不断扩大,测绘行业为社会经济发展做出了自己的贡献。

对于大型复杂的测绘工程项目,质量和进度等方面遇到的问题较多,单纯由投资方进行项目监督管理的难度在加大。借助社会专业力量对项目进行管理,成为越来越多测绘投资者的选择,及时、详尽、准确提供测绘成果的要求催生了测绘工程监理。

目前，从事测绘工程监理工作的机构主要有三类：省级测绘质检站、测绘生产单位、地理信息加工公司和地理信息软件公司。省级测绘质检站的职责属政府管理范畴，是受省级测绘行政主管部门的委托和授权，负责本行政区域内行业质量监督管理，进行各种类型的测绘产品质量检验、基础测绘检查验收及行业技术指导等。优势在于质检站的技术人员具有较丰富的质量监督检查经验和较强的处理现场问题的能力；劣势在于质检站人员数量有限，精力不足。测绘生产单位的优势在于生产经验比较丰富，对生产操作较为熟练，作业人数较多；劣势在于理论知识储备不足，对于监理程序了解不深，现场协调能力较差。地理信息加工公司和地理信息软件公司的优势在于内业工序技术熟练，具备良好的软件开发能力，自动化处理程度高，对数据入库较为熟悉；劣势在于从业人员缺少测绘外业工作经验，沟通协调能力较差，现场处理问题困难。

目前，引进监理机制的测绘项目包括两类：第一类是单纯的测绘项目，一般投资额在百万元以上，如大中城市各种比例尺数字化地形图测绘、区域性正射影像图、大规模的地籍调查（包括权属调查、地籍调查和土地利用现状调查等）和各种基础地理信息系统建设；第二类是重大建设工程项目中处于配套专业的工程测量监理，如公路交通、水利枢纽、跨江大桥、超高层建筑等，这类监理一般都存在于工程建设总体监理项目之中。绝大多数测绘工程监理局限于测绘工程施工阶段，且只是进行质量控制和进度统计，为业主提供项目进展有关信息和建议，在一定程度上承担了施工阶段的有关各方的协调工作，监理介入前期投资控制的案例极少。

2001 年，国家发展计划委员会发布《测绘事业发展的第十个五年计划纲要》指出：要通过健全法制、法规管理，创造公开、公平、公正、竞争有序的测绘市场，积极探索测绘项目的工程监理制。2007 年 9 月 13 日，国务院出台《国务院关于加强测绘工作的意见》（国发〔2007〕30 号），意见中明确提出健全测绘单位质量管理体系，建立测绘质量监理制度，加强对房产测绘和导航电子地图、重大建设项目等的测绘质量监督。2008 年 4 月 7 日，国家测绘局发布《关于加强测绘质量管理的若干意见》（国测国字〔2008〕8 号），意见中明确提出：加快推动测绘监理制度的建立。2014 年 1 月 22 日，国务院办公厅出台《国务院办公厅关于促进地理信息产业发展的意见》（国办发〔2014〕2 号），意见中明确提出：建立地理信息市场招投标、资产评估、咨询服务等制度以及工程监理、监督检验等质量保障体系，健全地理信息市场信用体系。2014 年 7 月 1 日，国家测绘地理信息局印发了《测绘资质分级标准》，首次将测绘监理写入国家层面的法规当中，文件中明确了测绘监理的专业范围，明确了从事测绘监理首先要取得相应专业范围的测绘资质，明确了测绘监理资质等级划分和作业限额。2015 年6 月 26 日，国家测绘地理信息局印发《测绘地理信息质量管理办法》，办法中明确提出：国家法律法规或委托方有明确要求实施监理的测绘地理信息项目，应依法开展监理工作，监理单位资质及监理工作实施应符合相关规定。监理单位对其出具的监理报告负责。测绘监理行业标准《管线测绘工程监理规程》已编制完成，处在征求意见阶段。测绘工程监理经过一段时间的发展，已取得了市场和投资方的认可，但对于测绘监理的从业人员资格、监理收费标准、责权利划分等方面仍未明确，仍需要制定一系列国家层面的测绘监理的行政法规和技术规范文件。

一些条件比较成熟的地方，如江苏、四川、吉林、湖北、陕西、广西、贵州、辽宁等省（自治区），在修订《测绘地理信息管理条例》《测绘地理信息市场管理办法》或《测绘地理信息成果质量监督管理办法》时,把对于试行招标投标的测绘项目应当实行监理制度的规定明确写进了条款。特别是其中一些省份已经制定了关于测绘监理的规范性文件,如《江苏省测绘监理管理办法》《四川省测绘工程监理暂行规定》和《吉林省测绘地理信息项目监理管理办法》,并制定了相关工作规范或技术规程,如《江苏省测绘监理工作规范》和《四川省测绘地理信息项目监理规程(试行)》。

■ 任务二　测绘工程监理的性质

工程监理的性质

在市场经济环境下,测绘工程监理是市场经济的产物。测绘工程监理单位以平等的合同关系依法为测绘工程业主提供监理服务。

测绘工程监理作为一种特殊的服务活动,具有以下突出的性质。

一、服务性

测绘工程监理是一种高智能、有偿的技术服务活动,服务性是测绘工程监理的根本属性。测绘工程监理单位本身不是测绘成果的投资者,也不是生产者,它只是受业主委托,利用监理人员自身的测绘专业知识、操作技能和丰富的经验为业主提供相应的服务,获得的是脑力劳动和体力劳动相结合的技术服务性报酬。

测绘工程监理的服务客体是测绘工程业主单位的测绘工程项目,服务对象是测绘工程业主单位。这种服务性活动的内容、方式、期限、报酬等,通过和业主签订委托合同来实现,是受法律约束和保护的。

二、科学性

科学性是测绘工程监理单位区别于其他一般服务性组织的重要特征,也是其赖以生存的重要条件。测绘工程监理的任务决定了它应当采用科学的思想、理论、方法和手段;测绘工程监理的社会化、专业化特点要求测绘工程监理单位必须按照高智能原则组建;测绘工程监理要维护国家利益和社会公众利益的使命决定了它必须提供科技含量高的相应服务。因此,测绘工程监理活动必须遵循科学性准则。

测绘工程监理的科学性主要表现在:测绘工程监理单位应当拥有一支足够数量的,有丰富的测绘专业理论知识和实践经验,通晓有关法律法规、测绘技术标准、作业规范,有较强的管理、协调、应变能力,高素质的监理人员组成的监理队伍,并且要有一套健全的管理制度;具有现代化的监测手段;配备必要的先进设备,要积累足够的技术、经济资料和数据;要有科学的工作态度和严谨的工作作风;要实事求是、创造性地开展监理工作。

三、公正性

公正性是测绘工程监理单位生存和发展的基础,也是测绘工程监理制对测绘工程监理活动进行约束的条件,更是社会公认的职业准则。测绘工程监理单位在测绘工程监理过程中不仅具有组织测绘项目有关各方协作、配合的职能,而且还具有协调项目有关各方之间的权益矛盾,维护合同双方合法权益的职能。即测绘工程监理单位不仅是为测绘工程业主单位提供技术服务的一方,还应当成为测绘工程业主单位与测绘工程生产单位之间公正的第

三方。为使这些职能得以实施,测绘工程监理单位必须坚持其公正性。在任何时候,测绘工程监理单位都应依据国家法律法规、技术标准、规范和合同文件站在公正的立场上进行判断、证明和行使自己的处理权,公正地解决和处理问题。要维护测绘工程业主且不损害被监理的测绘生产单位双方的合法权益。

四、独立性

独立性是由测绘工程监理单位特殊的主体地位决定的。从事测绘工程监理活动的监理单位与测绘工程生产单位,以及测绘工程业主单位之间的关系是一种横向的、平等的主体关系。测绘工程监理单位和测绘工程生产单位之间虽然没有合同关系,但是测绘工程业主单位和测绘工程生产单位之间的测绘生产合同中有关条款已明确规定了二者之间监理与被监理的关系。因此,测绘工程监理单位就必须在人事上、经济上保持独立,且以独立性作为公正性的前提。

按照独立性要求,测绘工程监理单位应当严格地按照有关法律法规、测绘工程文件、测绘工程技术标准、测绘工程委托监理合同,以及有关的测绘工程合同等的规定实施监理活动。在测绘工程业主委托监理的测绘工程中,测绘工程监理单位及测绘工程监理人员不得与测绘工程相关的行业和单位在管理上有隶属关系、不得有经济方面的隶属或合作经营关系,不得与测绘仪器、器材等经销单位有合作关系;而测绘工程业主也不得超出测绘工程监理合同内容随意增减任务,也不得干涉测绘工程监理人员独立、正常的工作。

测绘工程监理单位在开展测绘工程监理的过程中,必须建立自己的监理组织,以总监理工程师负责制,按照自己的工作计划、程序、流程、方法、手段,根据自己的判断,独立地开展工作。

■ 任务三　测绘工程监理的原则

测绘工程监理单位受测绘工程业主的委托对测绘工程项目实施监理时,应遵守以下基本原则。

一、质量第一的原则

测绘成果质量是业主投资效益得以实现的基本保证,直接关系到国家经济建设的发展,必须达到项目技术设计规定及相应的规范要求。如果测绘成果质量达不到要求,就意味着给今后的使用埋下了无法估量的隐患,可能造成难以弥补的损失。因此,对于质量达不到标准要求的测绘成果必须要求修改处理,甚至返工。这就要求测绘工程监理人员不仅要为业主服务,同时也要为国家和社会负责,必须将"质量第一"的思想贯穿于测绘项目全过程的每一个环节,自始至终把"质量第一"作为测绘工程监理工作的基本原则。

二、预防为主的原则

测绘工程监理的工作是一个不断发现、预见和解决问题的动态过程。而每个测绘工程项目又有工序多、技术复杂、生产周期长、参与的人员与设备存在差异、作业生产的对象各不相同的特点。因此,在测绘生产过程中要针对测绘工程项目的特点,事先分析在测绘生产中可能出现的问题,提出相应的对策和措施,力求将各种隐患和问题消除在产生之前。测绘工程监理人员要把重点放在事前控制上,以预防为主,防患于未然,但也要严格事中控制和事后控制,并应考虑多个不同的措施和方案,做到"事前有预测,情况变了有对策",避免被动、避免失控,以使测绘工程监理目标顺利实现。

三、为业主服务的原则

测绘工程业主是测绘项目的投资者,按照测绘工程监理合同的要求,测绘工程监理单位为业主提供服务是必须履行的义务。测绘工程监理人员要利用自己的专业技术知识、技能和经验为业主提供监督管理服务,应该时刻为业主着想,以最大限度地维护业主的利益,为业主服务。测绘工程监理的服务对象是业主,这种服务活动是严格按照委托监理合同和其他有关测绘项目合同来实施的,是受法律约束和保护的。测绘工程监理人员在为业主单位服务的同时,也要维护测绘工程监理单位的信誉,更要维护国家和社会的利益。

四、权责一致的原则

测绘工程监理人员为履行其职责所从事的监理活动,是根据法律法规并受业主的委托与授权而进行的,因此测绘工程监理人员承担的职责应与业主授予的权限相一致。即测绘工程业主向测绘工程监理单位的授权,应以能保证其正常履行监理的职责为原则。

测绘工程监理活动的客体是测绘生产单位的测绘生产活动,但测绘工程监理单位与测绘生产单位之间并无经济合同关系。测绘工程监理人员之所以能行使监理职权,是依赖业主的授权。这种权力的授予,除了体现在测绘工程业主与测绘工程监理单位之间签订的测绘工程监理委托合同中,还应作为测绘工程业主与测绘生产单位之间测绘生产合同的条件。因此,测绘工程监理人员在明确业主提出的监理目标和监理工作内容要求后,应与业主协商,明确相应的授权,达成共识后,反映在测绘工程监理委托合同及测绘生产合同中,测绘工程监理人员才能开展监理活动。

测绘总监理工程师代表测绘工程监理单位全面履行测绘工程监理委托合同中向测绘工程业主方所承担的义务和责任。因此,在测绘工程监理合同实施的过程中,测绘工程监理单位应给予总监理工程师充分的授权,体现权责一致的原则。

五、综合效益的原则

测绘工程业主投资任何测绘工程项目都希望取得最大的经济效益。但在充分考虑顾全业主的经济效益下,也必须考虑与社会效益和环境效益的有机统一,重点是提高测绘工程项目的社会综合效益。测绘工程监理活动是经业主的委托和授权才得以进行的,测绘工程监理人员应首先严格遵守国家的测绘法律法规、规范、标准,以高度负责的态度和责任感,对业主负责,谋求最大的经济效益,又要对国家和社会负责,取得最佳的综合效益。测绘工程业主投资的测绘工程项目只有符合了宏观的经济效益、社会效益和环境效益,才能实现微观的经济效益。

六、科学、公正、独立的原则

在测绘工程监理中,测绘工程监理人员应该严格遵守职业道德,尊重科学,尊重事实,根

据测绘工程业主单位的委托,严格履行委托监理合同的各项义务,维护测绘工程有关各方的合法权益。测绘工程业主单位与测绘工程生产单位虽然都是独立运行的经济主体,但他们追求的经济目标有差异,各自的行为也有差别,测绘工程监理人员应在监理合同约定的基础上,协调双方的一致性,维护合同双方的合法权益,做到各项指令、判断有事实依据,有内外业检测的第一手数据资料,要以数据和事实说话,必须保证绝对的公正性。特别是当测绘工程业主单位和测绘工程生产单位发生利益冲突时,测绘工程监理单位应站在第三方公正的立场,在全面科学监理、检查的基础上,以事实为依据,以有关的法律法规和双方所签订的测绘合同为准绳,排除各种干扰,科学、公正、独立地按质量标准评价工序质量和成果优劣,坚持原则,杜绝不正之风。只有按测绘合同的约定完成测绘工程项目,测绘工程业主才能实现投资的目的,测绘生产单位也才能实现自己生产的测绘产品的价值,取得工程款和实现盈利。总之,科学、公正、独立的原则是对测绘工程监理行业的必然要求,也是测绘工程监理单位和测绘工程监理人员最基本的职业道德准则。

任务四　测绘工程监理的任务

测绘工程监理的任务就是采取一定的措施、手段和方法,对测绘工程实行三项控制,即质量控制、进度控制、投资控制;两项管理,即合同管理、信息管理;一项协调,即组织协调。

质量、进度和投资是测绘工程项目的三大目标。这三大目标是相互关联、相互制约的。任何测绘工程项目都是在一定的投资限制条件下实现的;任何测绘工程项目的实现都受时间的限制,都有明确的项目进度和工期要求;任何测绘工程项目都要实现它的质量标准。既要质量好,又要进度快,还要投资省,这是投资一项测绘工程最基本的需求。然而提高质量,就要增加投资;加快进度,就要影响质量;降低投资,就要影响进度,这是三大目标矛盾的方面。要使测绘工程项目能够在计划的投资内,提高质量减少返工的损失;加快进度及早发挥投资效益是有一定困难的,这就是在市场经济下社会需求测绘工程监理的原因,测绘工程监理正是为解决这样的困难和满足这种社会需求而出现的。为了实现测绘工程项目的目标,测绘工程监理就要控制好、管理好和协调好,即做好"三控制""二管理"和"一协调"。

一、质量控制

测绘工程监理的质量控制是指为实现测绘工程项目的质量要求而实施的监控活动。通过质量控制及时发现并排除测绘生产过程中偏离质量要求的现象,使其恢复正常,这就要使影响测绘工程质量的技术、方法、仪器设备及人的因素始终处于受控的状态下,从而达到质量控制的目的。为保持测绘生产的稳定性,测绘工程监理的质量控制是对测绘生产过程和成果进行监督、检查,将结果与目标相比,并负责消除两者之间的差异。测绘工程监理质量控制是测绘工程监理的核心,也是在市场经济下引进测绘工程监理机制最重要、最直接的原因。

二、进度控制

测绘工程监理的进度控制是指测绘工程项目要在规定时限内完成的一项管理活动。这就要求对测绘工程各阶段的工作内容、工作程序、衔接关系和持续时间编制计划,在该计划实施过程中经常检查实际进度情况,并与计划进度进行比较,若出现偏差,与测绘工程生产单位一起进行分析,研究解决问题的办法,协调各方面的力量,有针对性地采取补救措施或者调整、修改原计划,再实施,始终控制测绘工程进度按原计划或调整后的计划进行,直到工程竣工验收。

三、投资控制

测绘工程监理的投资控制是指在整个测绘工程项目的实施阶段开展的,力求在保证工程质量和进度的同时,使测绘工程项目的实际投资额不超过计划投资额的一项管理活动。就是把测绘工程各阶段所发生的费用控制在批准的投资限额以内,随时纠正发生的投资超资现象,以保证测绘工程项目投资目标的实现。

四、合同管理

测绘工程监理的合同管理是指在测绘工程实施过程中保证测绘工程各种合同正常履行的一系列活动。合同是参与测绘工程各方在平等的条件下签订的法律文件,测绘行业行政主管部门、测绘工程业主单位、测绘工程生产单位和测绘工程监理单位都必须严格遵照执行。测绘工程监理的合同管理也是进行测绘工程质量控制、进度控制和投资控制的重要手段。测绘工程监理就要依据有关法律法规采用法律的、行政的手段,站在公正的立场上,对合同关系进行组织、指导、协调和监督;对合同的签约和履行、合同的变更、合同的解除和终止、合同纠纷的解决、合同的索赔等进行管理,保护合同当事人的合法权益,防止和制裁违法行为,保证测绘工程项目目标的实现。

五、信息管理

测绘工程监理的信息管理是指对与测绘工程项目有关的信息进行收集、整理、加工、处理、储存、传递和应用的一系列工作。信息管理是测绘工程监理的重要手段。只有及时、准确地掌握测绘工程生产过程中的信息,严格、有序、规范地管理各种文件、指令、图纸、记录、报告和有关技术资料,完善各种信息的接收、签发、归档和查询等制度,才能使信息准确,为决策者提供可靠的依据,以便及时采取有效的措施,以实现测绘工程目标,顺利地完成测绘工程监理任务。

六、组织协调

测绘工程监理目标的实现,除测绘工程监理单位具有较高的职业道德、较强的专业知识和对测绘工程监理程序的充分理解外,还需要具有较强的组织协调能力。因为,测绘工程项目的实施过程中要涉及许多单位和部门,为了处理好与这些单位和部门的关系,就需要协调。组织协调是指测绘工程监理单位在测绘工程监理过程中对各相关单位、部门和人员之间协作关系进行的协调工作,使各方面加强合作,减少矛盾,避免和妥善处理纠纷,其目的就是通过协商和沟通,使各方取得一致,形成合力,保证测绘工程项目目标的实现。

■ 任务五　测绘工程监理的工作步骤

测绘工程监理的工作流程如图1-1所示。

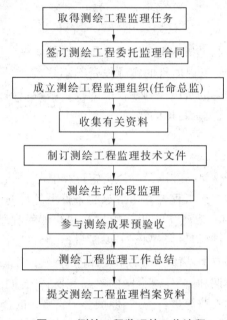

图 1-1　测绘工程监理的工作流程

一、取得测绘工程监理任务

测绘工程监理单位需要参加市场竞争才能在测绘市场中开展经营活动。通过竞争承接测绘工程监理业务,在竞争中求生存、在竞争中求发展。测绘工程监理单位能否取得监理业务是开展经营活动的前提和关键。

测绘工程监理单位获得测绘工程监理任务主要有以下途径。

(一)通过投标竞争取得监理业务

测绘工程监理单位应编制测绘工程监理投标书,参加投标,通过竞争取得监理业务。测绘工程业主单位在进行测绘工程监理招标时,评定标书优劣的重要依据是行之有效、切实可行的测绘工程监理对策。当然,测绘工程监理费用的报价是否合理也是关键。

测绘工程监理对策的内容主要有:测绘工程监理工作的指导思想,主要管理措施、技术措施,测绘工程监理力量的投入,对测绘工程业主方提出的一些建议等。

(二)测绘工程业主单位直接委托取得监理业务

只有在特定条件下,测绘工程业主单位才可以不招标而直接把测绘工程监理业务委托给测绘工程监理单位。

无论采用哪一种方式取得测绘工程监理任务,前提都是测绘工程监理单位的资质、能力、社会信誉得到测绘工程业主单位的认可。

取得测绘工程监理任务应注意的问题如下:

(1)严格遵守国家法律法规要求,遵守行业职业道德。

（2）严格按批准的测绘工程监理业务范围承接测绘工程监理任务,承接超出资质范围以外的测绘工程监理任务时,应获得资质管理部门的批准。

（3）承接测绘工程监理业务总量要量力而行,不允许与测绘工程业主单位签订测绘工程监理合同后又把测绘工程监理业务转包给其他监理单位。对于测绘工程监理风险较大的测绘工程监理项目,如工期较长,或者工程量庞大、技术复杂、难度大,或者可能遭到自然灾害,或者可能会有战争、社会动乱影响等的测绘工程项目,测绘工程监理单位可考虑与几家测绘工程监理单位组成联合体共同承担风险,还可以向保险公司投保。

二、签订测绘工程委托监理合同

按照国家统一的文本签订测绘工程委托监理合同,明确委托的内容以及各自的权利、义务。

三、成立测绘工程监理组织

测绘工程监理单位在与测绘工程业主签订测绘工程监理委托合同后,根据测绘工程项目的规模、性质,以及业主对测绘工程监理的要求,委派称职的人员担任测绘项目的总监理工程师,代表测绘工程监理单位全面负责该测绘项目的监理工作。测绘总监理工程师对内向测绘工程监理单位负责,对外向测绘工程业主负责。

在测绘总监理工程师的具体领导下,组建测绘工程项目的监理组织,并根据签订的测绘工程监理合同,制订测绘工程监理规划和具体的测绘工程监理实施细则,开展测绘工程监理工作。

一般情况下,测绘工程监理单位在承接测绘工程监理任务,参与测绘工程项目监理的投标、拟订测绘工程监理方案(大纲),以及与业主商签测绘工程监理合同时,就应该选派称职的人员主持该项工作。在测绘工程监理任务确定并签订测绘工程监理合同后,该主持人即可作为该测绘工程监理项目的总监理工程师。这样,测绘工程监理项目的总监理工程师在承接任务阶段就已经介入了此工作,从而更能了解测绘工程业主的意图和对测绘工程监理工作的要求,并能与后续工作更好的衔接。

四、收集有关资料

收集有关资料,以作为开展测绘工程监理工作的依据。

（1）政府下达的任务书或指令性文件、测绘工程项目中的合同及附件。

（2）项目成果执行标准,即测绘成果执行的技术标准和规范,如《国家基本比例尺地形图分幅与编号》(GB/T 13989—2012)、《全球定位系统(GPS)测绘规范》(GB/T 18314—2009)、《基础地理信息要素分类与代码》(GB 13923—2016)、《城市测绘规范》(CJJ/T 8—2011)等有关具体测绘工程的标准和规范。

（3）测绘生产中使用的基础和专业资料,如采用的坐标系统、基础控制点、地形图资料、工作底图等。

五、制订测绘工程监理规划和测绘工程监理实施细则

测绘工程监理规划是测绘工程监理单位接受测绘工程业主委托开展测绘工程监理活动

的指导性文件,应由测绘工程项目总监理工程师主持,专业监理工程师参加编制,测绘工程监理单位的技术负责人审核批准。

在测绘工程监理规划的指导下,为了具体指导测绘工程监理的质量控制、进度控制、投资控制的进行,还需要结合测绘工程项目的实际情况,制订相应的测绘工程监理实施细则或者测绘工程监理实施方案。

六、测绘生产阶段规范化地开展测绘工程监理工作

测绘工程监理是一种责任重大的有偿技术服务,测绘工程业主与测绘工程监理单位之间是委托与被委托的合同关系,与被监理的测绘工程生产单位是监理与被监理的关系。测绘工程监理实行总监理工程师负责制,总监理工程师行使测绘委托监理合同赋予测绘工程监理单位的权限,全面负责受委托的测绘工程监理工作。测绘总监理工程师在授权范围内发布有关指令,测绘工程项目生产单位不得擅自更改测绘总监理工程师的指令。测绘总监理工程师有权建议撤换不合格的测绘工程项目生产单位和测绘工程项目负责人及有关人员。因此,测绘工程监理工作需要在科学的、规范化的管理制度下,根据已经制订好的测绘工程监理实施细则开展具体的测绘工程监理工作。

(一)工作的时序性

测绘工程项目监理的各项工作都是按照一定的逻辑顺序先后展开的,只有这样测绘工程监理工作才能有效地达到目标,而不致于造成工作状态的无序和混乱。

(二)职责分工的严密性

测绘工程监理工作是由不同层次的测绘工程监理人员来共同完成的,他们之间严密的职责分工是测绘工程监理工作的前提和实现测绘工程监理目标的重要保证。

(三)工作目标的确定性

在职责分工的基础上,每一项测绘工程监理工作应达到的具体目标都应该是确定的,完成的时间也都应有时限的规定,并能通过信息资料对测绘工程监理工作及其效果进行检查和考核。

(四)工作过程系统性

测绘生产实施阶段的监理工作主要包括"三控制"(质量控制、进度控制、投资控制)、"二管理"(合同管理、信息管理)、"一协调"(组织协调),共六个方面的工作任务。又可将其分为三个阶段:事前控制、事中控制、事后控制,从而测绘工程监理工作形成了一定的工作系统。

七、参与项目成果的预验收,签署测绘工程监理意见

测绘工程项目完成后,应由测绘生产单位在正式验收前组织测绘成果预验收。测绘工程监理单位应参与预验收工作,在预验收中发现的问题,应与测绘生产单位及时沟通,提出要求,签署测绘工程监理意见。

八、测绘工程监理工作总结

(一)向测绘工程业主提交的测绘工程监理工作总结

向测绘工程业主提交的测绘工程监理工作总结的内容主要包括:测绘工程监理委托合

同履行情况概述,测绘工程监理任务或测绘工程监理目标完成情况的评价,由业主提供的供测绘工程监理活动使用的办公用房、车辆、设备等的清单,表明测绘工程监理工作终结的说明等。

(二) 向测绘工程监理单位提交的测绘工程监理工作总结

向测绘工程监理提交的测绘工程监理工作总结的内容主要包括以下内容。

1. 测绘工程监理工作的经验

测绘工程监理工作可以是采用某种监理技术、方法的经验,也可以是采用某种经济措施、组织措施的经验,以及签订监理委托合同方面的经验,如何处理好与测绘工程业主、测绘工程生产单位关系的经验等。

2. 测绘工程监理工作中存在的问题及改进的建议

在测绘工程监理工作中存在的问题应及时加以总结,以指导今后的测绘工程监理工作,并向政府有关部门提出政策建议,不断提高我国测绘工程监理的水平。

九、提交测绘工程监理档案资料

(一) 向测绘工程监理单位提交的档案资料

测绘工程项目监理工作完成之后,测绘工程项目监理组应向测绘工程监理单位提交的测绘工程监理档案资料一般应包括:

(1) 测绘工程监理委托合同。

(2) 测绘工程监理组织及其负责人名单。

(3) 测绘工程监理规划。

(4) 测绘工程监理实施细则。

(5) 测绘工程监理月报(或简报)。

(6) 测绘工程监理会议纪要。

(7) 填制的各种测绘工程监理表格。

(8) 测绘工程监理过程中的相关资料。

(9) 测绘合同变更、争议、违约等报告及处理意见。

(10) 各类相关质量检验、验收记录和报告。

(11) 测绘工程监理工作总结。

(12) 测绘工程监理报告。

(二) 向测绘工程业主单位提交的档案资料

测绘工程监理单位向业主提交的测绘工程监理档案资料应在委托监理合同中约定。测绘工程项目监理工作完成之后,测绘工程监理组应向业主提交的测绘工程监理档案资料一般应包括:

(1) 测绘工程监理周(月、季)报(或简报)。

(2) 测绘工程监理指令性文件。

(3) 测绘工程变更资料。

(4) 测绘工程各种签证资料。

(5) 测绘工程监理工作总结。

(6) 测绘工程监理报告。

任务六 测绘工程监理与测绘行业监督的区别

测绘工程监理和测绘行业监督是我国测绘管理体制改革中的重大措施,是为确保测绘工程的质量、提高测绘工程的水平而先后推行的制度。在加强测绘生产单位管理、促进测绘生产单位质量保证体系的建立、确保测绘工程质量等方面起到了重要的作用,两者都属于测绘行业的监督管理活动。

测绘工程监理与测绘行业监督的关系是被监督与监督的关系,即测绘行业监督要履行监督测绘工程监理业务的职能。

测绘工程监理是社会行为,测绘行业监督是政府行为,都属于保证测绘工程质量的措施,其目的是统一的,二者相互联系,密不可分。但是他们之间又具有相互间的不可替代性,存在着明显的区别,主要体现在以下几方面。

一、执行者的区别

测绘工程监理的执行者是社会化、专业化,具有独立的社会法人资格的测绘工程监理单位;而测绘行业监督的执行者是政府主管部门授权的测绘产品质量监督检验机构。

测绘工程监理属于社会的、民间的监督管理行为,是依法成立的一批测绘工程监理单位,这些测绘工程监理单位按照市场规则承接测绘工程监理业务,在测绘工程业主的授权范围内进行现场目标控制,其经营活动不受国内地域限制。测绘行业监督代表政府或行业主管部门对测绘工程项目的质量进行监督管理活动,属于政府行为,在一定的行政区域内测绘行业监督是唯一的,其工作只能在一定的行政区域内开展。

二、工作依据的区别

测绘行业监督主要以有关的测绘法律法规、技术标准与规范为基本依据,不允许测绘成果的主要技术指标低于有关技术标准、规范的规定,必须维护国家行政管理法规和技术规范的严肃性。测绘工程监理不仅要以测绘法律法规和技术标准与规范为依据,更要以测绘工程监理合同、测绘设计文件、测绘生产合同为主要依据,在维护法规与技术规范严肃性的同时,还要维护测绘合同的严肃性。

三、工作性质的区别

测绘工程监理是测绘工程监理单位以"服务性、科学性、公正性、独立性",通过测绘工程监理合同接受业主的委托,行使测绘工程监理合同所确认的职权,承担相应的职业道德和法律责任,为其在特定的测绘项目中提供高智能服务,属于委托性质的横向监督管理。测绘行业监督则是以"强制性、法律性、全面性、宏观性",代表政府或行业主管部门行使对测绘工程进行监督的行为,并严格遵照规定程序行使监督、检查、纠正、强制执行的职权,测绘工程生产单位必须接受,是测绘项目系统以外的监督管理主体对测绘项目内的生产主体进行的一种纵向监督管理。

四、工作任务的区别

测绘行业监督是测绘产品质量监督检验机构代表政府或行业主管部门行使测绘工程质量监督职能,即仅对测绘工程质量进行监督;而测绘工程监理是测绘工程监理单位接受测绘工程业主的委托和授权为其提供服务,不仅包括测绘工程项目的质量监督,而且还要对业主的投资、工程进度、工程变更、工程延期、工程索赔、协调等各方面进行全方位的监理工作。

五、工作范围的区别

测绘工程监理的工作范围由测绘工程监理合同约定,具有较大的伸缩性,工作范围不固定,可以贯穿于测绘工程项目的全过程,对所有工序、所有测绘成果进行监督,也可以是测绘项目的某些部分。测绘行业监督则一般仅限于生产或者竣工阶段的项目监督与认证,而且工作范围相对固定。

另外,测绘行业监督还要对测绘工程项目任何参与方的违规行为进行处罚,包括测绘工程业主单位、测绘工程生产单位和测绘工程监理单位等。

六、工作手段的区别

测绘工程监理通过检查、督促、控制、管理和协调等手段,从多方面采取措施进行测绘项目的目标控制。对测绘生产单位的制约和对违法违约行为的惩戒,是运用经济手段促使测绘生产单位关心自身经济利益。测绘工程监理有时也使用返工、停工等强制手段,但主要是依靠测绘合同约束的经济手段,包括拒绝进行质量及数量的签证、拒签付款凭证等。测绘行业监督侧重于自上而下组织管理的行政手段,按阶段定期对测绘工程进行监督,包括责令返工、警告、通报、罚款,甚至于降低资质等级等。

七、工作深度的区别

测绘工程监理所进行的质量控制工作是随着工程进展而变化的,包括对测绘项目质量目标详细规划,采取一系列综合控制措施,通过实施的主动控制手段,做到事前控制、事中控制、事后控制,并连续性地、不间断地监督测绘工程进展的各阶段。通过实时的控制管理使测绘工程项目管理更加规范,测绘成果质量、工程进度有较好的保证,避免质量事故的出现和工程严重拖期的发生。按照国家质量监督的通用原则,测绘行业监督基本上是阶段性检查,不是连续而是离散间隔的进行,重点是对测绘成果质量进行监督、检查。测绘成果的监督检查一般采用抽取一定数量样本,对样本质量进行检验,按照一定的评判规则,判定批成果质量是否合格。

八、酬金的区别

测绘工程监理是有偿的技术服务活动,酬金一般根据测绘工程的规模和测绘项目总投资的百分比收取。测绘行业监督是一种国家行政行为,酬金一般根据测绘工程总投资的千分比收取,其收费标准相对较低。

■ 项目小结

　　测绘工程监理,是指依法成立的测绘工程监理单位,针对测绘工程项目,接受测绘工程业主的委托和授权,依据国家有关的测绘法律法规、技术规范和标准、测绘工程委托监理合同,以及其他的测绘工程合同,所进行的专业化的、微观的监督管理活动。测绘工程监理是以"服务、科学、公正、独立"的性质,根据"质量第一、预防为主、为业主服务、权责一致、综合效益、科学、公正、独立"的原则,对测绘工程进行质量控制、进度控制、投资控制和合同管理、信息管理及组织协调,简称"三控制""二管理""一协调"。实施测绘工程监理的步骤是:取得监理任务,签订监理委托合同,成立项目监理组织,收集有关资料,制订监理规划和监理实施细则,规范化地开展监理工作,参与项目成果的预验收并签署测绘工程监理意见,测绘工程监理成果的整理与汇交,监理工作总结。

■ 思考题

1. 什么是测绘工程监理?
2. 谁是测绘工程监理的执行者?
3. 实施测绘工程监理的前提是什么?
4. 测绘工程监理的依据是什么?
5. 为什么说测绘工程监理是微观性质的监管活动?
6. 测绘工程监理的性质有哪些?
7. 测绘工程监理的原则有哪些?
8. 测绘工程监理的主要任务是什么?
9. 简述测绘工程监理的工作步骤。
10. 简述测绘工程监理与测绘行业监督的区别。

项目二　测绘工程监理单位

测绘工程监理单位

测绘工程监理单位是指取得测绘工程监理资质,从事测绘工程监理工作的测绘单位。

测绘工程监理单位必须具有自己的名称、组织机构和场所,有与承担测绘工程监理业务相适应的经济、法律、技术及管理人员、完善的组织章程和管理制度,并应具有一定数量的资金和设施。符合条件的单位经申请取得监理子项资格后,才可承担测绘工程监理业务。

任务一　测绘工程监理单位的特征

一、合法性

测绘工程监理单位必须依法成立,这是测绘工程监理单位合法的基本体现。首先,它必须经国务院测绘地理信息主管部门或省级测绘地理信息主管部门按法定程序进行资格审批、取得测绘工程监理子项资格、确定经营范围,才能依法开展测绘工程监理业务。其次,测绘工程监理单位开展业务,应在批准的经营范围内,依法签订测绘工程监理委托合同,并依照法律法规和规章、测绘工程监理委托合同、所监理的测绘工程生产合同开展监理业务。

二、服务性

测绘工程监理单位依靠高智能和丰富的实践经验,为测绘工程业主提供技术服务。

从市场角度定位,测绘工程监理单位是独立的社会中介服务组织,不具有任何行政职能。这就决定了测绘工程监理业务具有委托性,这种委托一般反映了测绘工程业主单位的意愿。主要表现在:

(1)测绘工程监理单位必须与测绘工程业主单位签订监理委托合同,明确双方的权利和义务。

(2)测绘工程业主单位可以选择与一家或几家测绘工程监理单位签订合同。

(3)测绘工程业主单位按测绘工程监理委托合同规定支付给测绘工程监理单位监理酬金,这些费用是经双方协商确定的,这是测绘工程监理单位赖以生存和发展的主要经济来源。

测绘工程监理单位不是测绘产品的直接生产者和使用者,而只为测绘工程业主单位提供高智能的技术服务。测绘工程监理单位与测绘生产单位不同,不承担测绘项目或产品的成本,只是按付出的服务取得相应的监理酬金。

三、独立性

测绘工程监理单位在测绘市场中的地位是独立的。

(1)测绘工程监理单位在法律地位、人事关系、经济关系和业务关系上必须独立。各级

测绘工程监理负责人和测绘工程监理人员不得是测绘生产、测绘仪器设备营销等单位的合伙经营者,不得与这些单位发生经营性隶属关系,不得承包测绘生产和测绘仪器设备销售业务,不得在政府机关、测绘生产单位、测绘仪器设备销售等单位任职。

(2)尽管测绘工程监理单位受测绘工程业主单位的委托而承担监理任务,但他与测绘工程业主单位在法律地位上是完全平等的合同关系。测绘工程监理单位所承担的任务,经过双方平等协商确立在测绘工程监理委托合同中,并在所监理的测绘工程生产合同的有关条款中明确规定。测绘工程业主单位不得超出测绘合同之外随意增减任务,也不得干涉测绘工程监理人员独立、正常的工作。

(3)测绘工程监理单位在实施监理过程中,是以测绘工程业主单位和测绘生产单位之外独立的第三方名义,独立地行使测绘工程委托监理合同所确认的职责和权利开展测绘工程监理业务,而不是以测绘工程业主单位的名义或以其"代表"的身份来行使职权;否则,他就成了从属于测绘工程业主单位的一方。这样既失去了独立地位,也失去了公正地处理测绘工程监理业务和协调双方之间纠纷的合法资格。与此相对应,测绘工程监理单位及其监理人员不得参与测绘生产单位的测绘工程承包盈利分配;否则,它实际上就变成了测绘生产单位的合伙经营者,也失去了自己的独立性。

四、智力密集性

科学性是测绘工程监理单位区别于其他一般性服务机构的很重要的特征,也是其赖以生存的重要条件。测绘工程监理服务的科学性来源于测绘工程监理单位的监理人员的高素质和精湛的业务水平,这就决定了测绘工程监理单位在建制上应该是智力密集性的。测绘工程监理单位只有拥有和依靠相当数量的,有较高学历的,长期从事测绘工程工作的,有丰富经验,通晓相关的技术、经济、管理和法律的监理人员,才能够为测绘工程项目业主提供高水平的技术服务,才能在测绘市场的竞争中生存和发展。

■ 任务二　测绘工程监理单位的资质

测绘工程监理实行资质管理制度,从事测绘工程监理的单位应当取得具有测绘工程监理业务的资质证书后,方可在其资质等级许可的业务范围内从事测绘工程监理活动。

国务院测绘地理信息主管部门或省级测绘地理信息主管部门负责测绘工程监理资质和测绘工程监理执业资格证书的审核发放和注册工作。

2014 年 7 月 1 日,国家测绘地理信息局印发了《测绘资质分级标准》,文件中指出从事测绘监理应当取得相应专业范围及专业子项的测绘资质,并且只在摄影测量与遥感、地理信息系统工程、工程测量、不动产测绘、海洋测绘等 5 个市场化程度较高的专业范围下设置相应的甲、乙级测绘监理专业子项。因此,申请以上 5 个专业范围的甲、乙级测绘资质是申请测绘监理资质的前提条件。

一、测绘资质单位

申请测绘资质的单位应当符合下列条件:

(1)有法人资格。

(2)有与从事的测绘活动相适应的专业技术人员。

(3)有与从事的测绘活动相适应的技术装备和设施。

(4)有健全的技术和质量保证体系、安全保障措施、信息安全保密管理制度以及测绘成果和资料档案管理制度。

二、测绘监理资质单位

(一)甲级测绘监理资质单位

申请甲级测绘监理专业子项的单位应当符合以下条件：

(1)取得相应专业范围的甲级测绘资质。

(2)近2年内,在每个相应专业范围内有2个以上测绘工程项目取得省级以上测绘地理信息行政主管部门认可的质检机构出具的质量检验合格证明。

(二)乙级测绘监理资质单位

申请乙级测绘监理专业子项的单位应当符合以下条件：

(1)取得相应专业范围的甲级或者乙级测绘资质。

(2)近2年内,在每个相应专业范围内有1个以上测绘工程项目取得省级以上测绘地理信息行政主管部门认可的质检机构出具的质量检验合格证明。

三、测绘监理单位的资质管理

(1)测绘工程监理资质证书申请、审批的具体程序,依照国务院测绘地理信息主管部门和省级测绘地理信息主管部门有关测绘资质审查认证的规定执行。

未取得测绘监理专业测绘资质的单位,不得以任何名义和形式从事有关测绘监理的活动。

(2)从事测绘工程监理活动的技术人员,应当经国务院测绘地理信息主管部门或省级测绘地理信息主管部门的专业培训并经考核合格,取得执业资格证书,并在执业资格证书许可的范围内从事测绘工程监理活动。

持有测绘工程监理执业资格证书的测绘监理工程师必须在国务院测绘地理信息主管部门或省级测绘地理信息主管部门注册后方可从事测绘工程监理业务。测绘监理工程师只能在一个测绘工程监理单位执业。

(3)测绘工程监理资质证书和测绘工程监理执业资格证书实行年度注册制度,凡未通过年度注册的单位和个人不得从事测绘工程监理活动。

(4)测绘监理单位不得超越监理专业测绘资质等级范围从事测绘监理活动或者以其他测绘监理单位的名义从事测绘监理活动。

测绘监理单位不得转包或者分包测绘监理业务。

(5)测绘监理单位在外省行政区域内承接测绘监理项目的,应当向该省测绘地理信息主管部门提交依法取得的含有监理专业的"测绘资质证书",经验证备案后,方可从事测绘监理活动。

任务三 测绘工程监理单位的业务范围

2014年8月1日施行的《测绘资质分级标准》中指出:测绘监理资质单位不得超出其测

绘监理专业范围和作业限额从事测绘监理活动。乙级测绘监理资质单位不得监理甲级测绘资质单位施测的测绘工程项目。甲级测绘监理资质单位在从事监理任务时无限额限制,乙级监理资质单位在从事监理任务时存在一定的作业限额。

例如:实施地理信息系统工程监理中,在从事地理信息数据采集、地理信息数据处理和地理信息系统及数据库建设这三个子项监理时,其作业限额为设区的市级行政区域以下。

实施工程测量监理中,在从事控制测量子项监理时其作业限额为三等以下。

从事地形测量子项监理时,其作业限额按成图比例尺划分为 1:500 比例尺,30 km² 以下;1:1 000 比例尺,50 km² 以下;1:2 000 比例尺,80 km² 以下;1:5 000 比例尺,100 km² 以下;1:10 000 比例尺,200 km² 以下。

从事规划测量子项监理时,其作业限额为总建筑面积 50 万 m² 以下,且国家重点建设工程不得承担。

从事建筑工程测量子项监理时,其作业限额为建筑范围 1 km² 以下,单个建筑物 10 万 m² 以下。

从事变形形变与精密测量子项监理时,其作业限额为一般精密设备安装,建筑面积在 10 万 m² 以下,且高度在 100 m 以下的建筑。

从事市政工程测量子项监理时,其作业限额为特大城市一般道路、大中等城市主干道路、一般立交桥。

从事水利工程测量子项监理时,其作业限额为不得承担特大型水利水电工程。

从事线路与桥隧测量子项监理时,其作业限额为 300 km 以下的线路,多孔跨径总长在 100 m 以下的桥梁,4 km 以下的隧道。

从事地下管线测量子项监理时,其作业限额为管线长度 300 km 以下。

从事矿山测量子项监理时,其作业限额为矿区控制面积 200 km² 以下。

实施不动产测绘监理中,在从事地籍测绘子项监理时,其作业限额为日常地籍调查及设区的市级以下地籍总调查中的地籍测绘。从事房产测绘子项监理时,其作业限额为规划许可证载单栋建筑面积 10 万 m² 以下;单个合同标的不超过建筑面积 200 万 m²。

实施海洋测绘监理中,在从事海岸地形测量、水深测量、水文观测、海洋工程测量和扫海测量子项监理时,其作业限额为 100 km² 以下,不得承担深度基准测量和海图编制这两个子项的监理。

实施摄影测量与遥感监理中,在从事摄影测量与遥感外业和摄影测量与遥感内业这两个子项监理时无限额限制。

任务四　测绘工程监理单位的经营准则

测绘工程监理单位通过测绘工程业主的委托合同,应以"守法、诚信、公正、科学"的基本准则,采用专业化、社会化的管理方式,从事测绘工程监理的经营活动。

一、守法

守法就是测绘工程监理单位依法经营。它是测绘工程监理单位经营活动最起码的行为准则,依法经营的含意有以下几个方面:

（1）测绘工程监理单位应遵守国家关于企业法人生产经营的法律法规规定，遵守国家有关测绘的法律法规、规范、标准的规定。

（2）测绘工程监理单位不得伪造、涂改、出租、出借、出卖测绘工程监理单位资质等级证书。

（3）测绘工程监理单位在开展业务过程中应严格履行合同，在合同规定的范围和业主委托授权范围内开展工作。

（4）测绘工程监理单位在异地承接测绘工程监理业务，应遵守当地人民政府的监理法规和有关规定，主动向当地测绘行政部门登记备案，接受管理和监督。

（5）测绘工程监理单位应在测绘工程监理资质管理部门审查并确认的经营业务范围内开展监理经营活动。它包括三个方面：一是测绘工程监理业务的性质，只能监理测绘工程项目，不能从事工民建、水利、高速公路、铁路等工程项目的监理业务。二是测绘工程监理单位资质等级，按照资质管理部门批准的测绘工程监理资质等级来承接测绘工程监理业务，例如甲级资质的监理限额不受限制，乙级资质的监理按不同专业范围的专业子项作业限额来承接监理任务。三是测绘工程监理单位可以根据监理单位的能力和申请，开展一些特定的技术咨询服务项目，并将其纳入经营业务范围，但经营范围以外的业务不能承接，否则视为违法经营。

二、诚信

诚信即诚实守信用，这是测绘工程监理单位信誉的核心。测绘工程监理单位在生产经营过程中不应损害他人利益和社会公共利益，应维护市场道德秩序，在合同履行过程中履行自己应尽的职责、义务；建立一套完整的、行之有效的、服务于企业、服务于社会的单位管理制度并贯彻执行，取信于业主、取信于市场。

测绘工程监理单位向社会提供的是技术服务，这是一种无形资产，是通过测绘产品的质量来体现的。测绘工程监理单位要利用自己的智能优势最大限度地把测绘工程项目的质量、进度、投资目标控制好，满足测绘工程业主单位的正当要求，赢得市场的信任。

三、公正

公正是指测绘工程监理单位在监理活动中既要维护测绘工程业主单位的利益，为业主提供服务，又不能损害测绘生产单位的合法利益，并能依据测绘合同公平、公正地处理测绘工程业主单位与测绘生产单位之间的合同争议，测绘工程监理单位不能因为是受测绘工程业主单位的委托就偏向测绘工程业主单位，也不能因某种原因而偏向测绘生产单位。公正性是测绘工程监理行业的必然要求，是社会公认的执业标准，也是测绘工程监理单位和监理人员的基本职业道德准则。

四、科学

测绘工程监理单位在经营活动中，采用科学的方法，运用科学的手段，进行科学的策划，制订科学且行之有效的测绘工程监理细则，为测绘工程业主提供高水平的技术服务，保证测绘工程监理工作有科学性、准确性。还要进行科学的总结，通过总结经验，测绘工程监理单位才能为以后的经营提供更科学完善的测绘工程监理技术服务，为测绘工程监理单位的持续发展提供条件。

任务五　测绘工程监理单位与测绘工程各方的关系

一、测绘工程监理单位与测绘工程业主单位的关系

测绘工程业主单位与测绘工程监理单位的关系是平等的合同约定关系,是委托与被委托的关系。测绘工程监理单位所承担的任务由双方事先按平等协商的原则确定于委托监理合同之中。测绘工程委托监理合同一经确定,测绘工程业主单位不得干涉测绘工程监理工程师的正常工作。测绘工程监理单位依据测绘工程监理合同中测绘工程业主单位授予的权力行使职责,公正、独立地开展监理工作。测绘工程监理单位不得泄露测绘工程委托方的秘密,不得单方废约,并对测绘工程监理行为承担法律责任。如因测绘工程监理工作过失而造成重大事故,要对事故损失承担测绘工程监理合同事先约定的经济补偿。

在测绘工程项目监理实施的过程中,测绘工程总监理工程师应严格按照测绘工程业主单位授予的权力,执行测绘工程业主单位与测绘工程生产单位签署的测绘生产合同,但无权自主变更测绘生产合同。若由于不可预见和不可抗拒因素,测绘总监理工程师认为需要变更测绘生产合同,可以及时向测绘工程业主单位提出建议,协助测绘工程业主单位与测绘生产单位协商变更测绘生产合同。测绘总监理工程师应定期(月、季、年度)根据委托监理合同的业务范围,向测绘工程业主单位报告工程进展情况、存在的问题,并提出建议和意见。

测绘工程业主单位与测绘工程生产单位在执行测绘合同中发生争端,由测绘工程总监理工程师协调解决。如果双方或其中一方不同意测绘工程总监理工程师的意见,可直接请求当地测绘行政主管部门调解,或请当地经济合同仲裁机关仲裁。

测绘工程监理是有偿服务活动。酬金及计算办法,由测绘工程业主单位与测绘工程监理单位依据所委托的监理内容、工作深度、国家或地方的有关规定协商确定,并写入测绘工程委托监理合同。

二、测绘工程监理单位与测绘工程生产单位的关系

测绘工程监理单位与测绘工程生产单位之间是平等的监理与被监理的关系,共同为测绘工程业主单位提供服务。测绘工程监理单位在实施监理工作之前,测绘工程业主单位必须将监理的内容、总监理工程师的姓名、所授予的权限等,书面通知测绘工程生产单位。测绘工程生产单位在项目实施的过程中,必须接受测绘工程监理单位的监督检查,并为测绘工程监理单位开展工作提供方便。按照要求提供完整的原始记录、检测记录等技术与经济资料。测绘工程监理单位应为测绘项目的实施创造条件,按时、按计划做好监理工作。

测绘工程监理单位与测绘工程生产单位之间没有合同关系,测绘工程监理单位之所以能对测绘工程项目实施中的行为进行监理,一是测绘工程业主单位的授权;二是在测绘工程业主单位与测绘工程生产单位的测绘工程生产合同中已经事先予以承认;三是国家监理法规赋予测绘工程监理单位的职责。

测绘工程监理单位是存在于签署测绘工程生产合同的测绘工程业主单位与测绘工程生产单位之外的独立一方,在测绘工程项目实施的过程中,测绘工程监理合同的执行,将体现其公正性、独立性和合法性。测绘工程监理单位不直接承担测绘工程生产中,工程质量、进

度和投资的经济责任和风险。测绘工程监理人员也不得在受监理工程的测绘生产单位任职、合伙经营或与其发生经营性隶属关系，不得参与测绘生产单位的盈利分配。

任务六　测绘工程监理模式

在市场经济下，我国测绘市场已经形成由测绘工程业主单位、测绘工程监理单位和测绘工程生产单位组成的三元主体结构。三方以相关合同为纽带，提高了测绘工程项目管理的科学性和公开性，强化了测绘市场主体之间的合同关系及制约与协调。

测绘工程监理模式对一个测绘工程项目的规划、控制、协调起着重要的作用。针对测绘工程监理来说，目前常用的测绘工程监理模式有如下两种。

一、测绘工程业主委托一家测绘工程监理单位监理

这种测绘工程监理委托模式是指测绘工程业主只委托一家测绘工程监理单位为其进行监理服务。这种模式的优点是：测绘工程监理责任明确，测绘工程监理单位可以对测绘项目的设计阶段和测绘生产阶段的成果质量、工程进度、项目投资统筹考虑，合理地进行总体规划与协调，有利于测绘工程监理工作的开展。缺点是：在这种模式下，测绘工程监理工作时间跨度大、内容广泛、工序复杂。这就要求被委托的测绘工程监理单位应该具有较全面的知识、较高的技术水平与较强的组织协调能力，做好全面的规划管理工作。为此，测绘工程监理单位的项目监理机构要组建多个监理分支机构对各测绘生产单位分别实施监理。在具体的测绘工程监理过程中，测绘工程项目总监理工程师应重点做好与各方面的总体协调工作，加强横向和纵向的联系，保证测绘工程监理工作的有效运行。这种模式如图 2-1 所示。

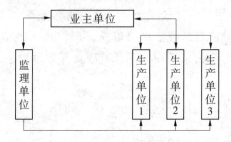

图 2-1　业主委托一家测绘工程监理单位进行监理的模式

二、测绘工程业主委托多家测绘工程监理单位监理

这种测绘工程监理委托模式是指测绘工程业主委托多家测绘工程监理单位为其进行监理服务。这种模式的优点是：测绘工程监理单位监理的对象相对单一，便于管理。缺点是：在这种模式下，由于测绘工程业主分别与多个测绘工程监理单位签订委托监理合同，测绘工程监理工作将被肢解，各测绘工程监理单位各负其责，缺少一个对测绘工程进行总体规划与协调控制的测绘工程监理单位，而各测绘工程监理单位之间的相互协作与配合需要测绘工程业主进行协调。为此，采用这种监理模式，各测绘工程监理单位之间的沟通与协调工作至关重要，必须要保证以相同的标准和尺度来进行测绘工程监理工作。一般是测绘工程业主首先委托一家"总测绘工程监理单位"总体负责测绘项目的总体规划与协调，再由测绘工

业主与"总测绘工程监理单位"共同选择另外几家测绘工程监理单位分别承担不同的监理任务。在测绘工程监理工作中,"总测绘工程监理单位"负责协调、管理各测绘工程监理单位的工作,大大减轻了测绘工程业主的管理压力。这种模式如图2-2所示。

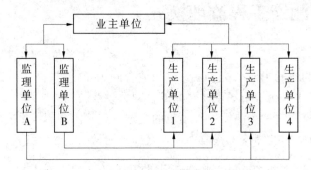

图 2-2　业主委托多家测绘工程监理单位进行监理的模式

■ 项目小结

测绘工程监理单位具有合法性、服务性、独立性、智力密集性的特征,必须取得具有测绘工程监理业务的资质证书、确定经营范围,并向同级工商行政管理机关申请注册登记、领取营业执照后,方可在其资质等级许可的业务范围内从事测绘工程监理活动。

在市场经济条件下,我国测绘市场已经形成由测绘工程业主单位、测绘工程监理单位和测绘工程生产单位组成的三元主体结构。测绘工程业主单位与测绘工程监理单位的关系是平等的委托与被委托的合同约定关系;测绘工程监理单位与测绘工程生产单位之间是平等的监理与被监理的关系,共同的为测绘工程业主单位提供服务。

测绘工程监理单位接受测绘工程业主的委托,应以守法、诚信、公正、科学的基本准则,采用专业化、社会化的管理方式,从事测绘工程监理的经营活动。

■ 思考题

1. 何谓测绘工程监理单位?
2. 测绘工程监理单位的特征有哪些?
3. 测绘工程监理单位应当具备的基本条件是什么?
4. 哪些测绘项目需要委托测绘工程监理?
5. 获取测绘工程监理业务的方式有哪些?
6. 测绘工程监理单位的经营准则是什么?
7. 简述测绘工程监理单位与测绘工程各方的关系。
8. 目前我国测绘市场的测绘工程监理模式有哪些种?

项目三　测绘工程监理招标投标

测绘工程监理
招标投标

改革开放以后,国际招标与投标的经验被引入我国。自1980年开始,建设工程招标投标开始试行,到1983年正式启动。1999年8月30日,全国人民代表大会常务委员会通过首部《中华人民共和国招标投标法》(简称《招标投标法》),并于2017年12月27日修订。2002年6月29日全国人民代表大会常务委员会通过《中华人民共和国政府采购法》,并于2014年8月31日修订。2011年11月30日国务院公布《中华人民共和国招标投标法实施条例》,并于2018年3月19日最新修订。30多年来,招标投标已经成为我国建设工程项目承发包的主体方式。一些大型的测绘工程引入了监理机制,项目投资人大多通过招标投标方式择优确定测绘监理单位。

任务一　工程招标投标概述

所谓招标投标,是招标人应用技术经济的评价方法和市场竞争机制的作用,通过有组织地开展择优成交的一种成熟的、规范的和科学的特殊交易方式。具体讲,就是在一定范围内公开货物、工程或服务采购的条件和

工程招投标

要求,邀请众多投标人参加投标,并按照规定程序从中选择最优交易对象的一种市场交易行为。

一、招标投标的意义与作用

(一)有利于节省和使用建设资金

招标投标可以通过投标人间的公平竞争,使招标人以最低或者比较低的价格发包工程、采购设备材料、获得服务,这就会使资金的使用更为合理有效,使社会资源配置更为优化。

(二)有利于防止不正当竞争

规范的招标投标活动要求依法定的程序公开进行,是公开的竞争,有相当高的透明度,有利于防止不正当竞争、钱权交易、索贿受贿等非法和腐败行为。

(三)有利于深化企业改革,推进企业技术进步

投标方为获得中标成功,必然提供先进技术、合理价格,满足企业需求,从而激励企业重视技术进步,提高市场竞争力。加快技术改造、大力发展高新技术是企业适应市场竞争的需要。

二、招标投标的特点

(一)程序性

招标投标程序由招标人事先拟订,不能随意改变,招标投标当事人必须按照规定的条件和程序进行招标投标活动。这些设定的程序和条件不能违反相应的法律法规。

(二) 公开性

招标的信息和程序向所有投标人公开,开标也要公开进行,使招标投标活动接受公开的监督。招标具有透明度高的特点,一般称为"阳光下的操作"。

(三) 一次性

在某个招标项目的招标投标活动中,投标人只能进行一次递价,以合理的价格定标。标在投递后一般不能随意撤回或者修改。招标不像一般交易方式那样,在反复洽谈中形成合同,任何一方都可以提出自己的交易条件进行讨价还价。招标则不行,投标价一旦通过开标大会唱标,核验无误签字后,则不能更改,这就是投标的一次性。

(四) 公平性

这种公平性主要是针对投标人而言的。任何有能力、有条件的投标人均可在招标公告或投标邀请书发出后参加投标,在招标规则面前各投标人具有平等的竞争机会,招标人不能有任何歧视行为。

三、招标投标的原则

(一) 公开原则

公开原则就是要求招标投标活动具有高的透明度。实行招标信息公开、招标程序公开、招标的一切条件和要求公开、公开开标、公开中标结果。

(二) 公平原则

公平原则就是要求给予所有投标人平等的机会,使其享有同等的权利,并履行相应的义务。不能歧视任何一方。《招标投标法》中规定:招标人以不合理的条件限制或者排斥潜在投标人的,对潜在投标人实行歧视待遇的,强制要求投标人组成联合体共同投标的,或者限制投标人之间竞争的,责令改正,可以处一万元以上五万元以下的罚款。

(三) 公正原则

公正原则就是要求评标时按事先公布的标准公正地对待所有的投标人。《招标投标法》中规定:评标委员会成员收受投标人的财物或者其他好处的,评标委员会成员或者参加评标的有关工作人员向他人透露对投标文件的评审和比较、中标候选人的推荐以及与评标有关的其他情况的,给予警告,没收收受的财物,可以并处三千元以上五万元以下的罚款,对有所列违法行为的评标委员会成员取消担任评标委员会成员的资格,不得再参加任何依法必须进行招标的项目的评标;构成犯罪的,依法追究刑事责任。

(四) 诚实信用原则

在招标投标活动中诚信体现在不得规避招标、串通投标、泄漏标底、划小标段、骗取中标、非法允许转包等。《招标投标法》中规定:投标人相互串通投标或者与招标人串通投标的,投标人以向招标人或者评标委员会成员行贿的手段谋取中标的,中标无效,处中标项目金额千分之五以上千分之十以下的罚款,对单位直接负责的主管人员和其他直接责任人员处单位罚款数额百分之五以上百分之十以下的罚款;有违法所得的,并处没收违法所得;情节严重的,取消其一年至二年内参加依法必须进行招标的项目的投标资格并予以公告,直至由工商行政管理机关吊销营业执照;构成犯罪的,依法追究刑事责任。给他人造成损失的,依法承担赔偿责任。

任务二　测绘工程监理招标

一、测绘工程项目监理招标的条件和范围

《招标投标法》中明确规定:在中华人民共和国境内进行下列工程建设项目包括项目的勘察、设计、施工、监理,以及与工程建设有关的重要设备、材料等的采购,必须进行招标:

(1)大型基础设施、公用事业等关系社会公共利益及公众安全的项目。

(2)全部或者部分使用国有资金投资或者国家融资的项目。

(3)使用国际组织或者外国政府贷款、援助资金的项目。

1995年6月30日,国家测绘局发布《测绘市场管理暂行办法》,办法中规定:进入测绘市场的测绘项目,金额超过五十万元的及其他须实行公开招标的测绘项目,应当通过招标方式确定承揽方。例如,广西、贵州、湖北、四川、辽宁、吉林等一些地方已经出台《测绘管理条例》《测绘市场管理办法》或《测绘项目招标投标管理办法》,规定测绘项目应当实行招标投标的,必须依法组织实施招标投标,并接受县级以上人民政府测绘地理信息主管部门和有关部门的监督管理。

江苏、四川、吉林等地出台了《测绘地理信息项目监理管理办法》,办法中明确了发包方应当委托监理的测绘地理信息项目标准。例如四川省规定:测绘地理信息项目实行项目监理制度,投资超过200万元的重大测绘地理信息项目,发包单位应当依法委托具有相应测绘监理专业资质的单位进行监理。江苏省规定:财政资金投资的50万元以上的测绘项目;省级以上重点工程中的测绘项目;水下、地下隐蔽性大,专业性强的50万元以上的测绘项目;投资金额在100万元以上的其他测绘项目。吉林省规定:国有资金投资占50%以上,且单项合同估算价超过50万元或者测绘面积超过10 km^{2}的测绘地理信息项目;关系社会公共利益、公众安全、民生的测绘地理信息项目;国家、省重大建设工程中的测绘地理信息项目;使用国际组织或者外国政府贷款、援助资金的测绘地理信息项目;国家规定必须实行监理的其他测绘地理信息项目。但目前国家层面还没有制定配备监理的测绘项目标准的相关文件。

不适宜进行招标的测绘项目监理有:

(1)经国家安全部门或者保密部门认定,涉及国家安全和国家秘密的测绘项目。

(2)用于突发事件应急和抢险救灾的测绘项目。

(3)法律法规规定的其他不适宜招标的测绘项目。

二、测绘工程监理招标的基本程序

测绘工程监理招标与测绘工程项目招标在程序上是一致的,都是遵循国家招标投标法法律法规的规定,结合测绘专业的实际进行操作的。基本程序如下。

(一)确定招标项目

拟招标的项目必须依法确定,办理有关审批手续,落实项目资金来源,项目法人或者承担项目管理的机构已经依法成立,所需的测绘基础资料已收集完毕。

(二)确定招标方式

测绘项目招标方式主要有公开招标和邀请招标两种。公开招标是指招标人以招标公告

的方式邀请不特定的法人或者其他组织投标。邀请招标是指招标人以投标邀请书的方式邀请特定的法人或者其他组织投标。一般测绘项目应公开招标。采用邀请招标的,应当履行审批手续,并向三个以上具备承担招标项目的能力、资信良好的特定的法人或者其他组织发出投标邀请书。可采用邀请招标方式的项目有:

(1)符合条件的潜在投标人数量有限,如需要采用先进测绘技术或者专用测绘仪器设备,仅有少数几家潜在投标人可供选择的测绘项目。

(2)公开招标的费用与工程监理费用相比,所占比例过大的测绘项目。

(3)涉及知识产权保护或技术上有特殊要求的测绘项目。

(三)确定招标办理方式

招标人具有编制招标文件和组织评标能力的,可以自行办理招标事宜。招标人若不具备能力,可委托有资质的招标代理机构进行招标代理。

(四)划分标段

视项目情况作为一个标段还是划分为几个标段,标段划分应当充分考虑有利于对招标项目实施有效管理和监理单位合理投入等因素。

(五)发布招标公告

编制并发布招标公告或投标邀请书,并在发布前不少于5日向行业主管部门备案。招标公告是指招标单位或招标人在进行科学研究、技术攻关、工程建设、合作经营或大宗商品交易时,公布标准和条件,提出价格和要求等项目内容,以期从中选择承包单位或承包人的一种文书。招标公告要公布招标单位、招标项目、投标人的测绘资质、信誉和业绩要求、招标时间、招标步骤及联系方法等内容,以吸引投资者参加投标。其通常由标题、标号、正文和落款四部分组成。招标公告应在公开的媒体发布。

(六)申请投标单位的资格审查

招标人可以对潜在投标人的测绘资质、业绩、信誉等进行资格审查,并将资格预审结果通知所有参加资格预审的潜在投标人。

(七)发售招标文件

编制并发售招标文件,并按照项目管理权限报主管部门备案。招标文件是指由招标人或招标代理机构编制并向潜在投标人发售的明确资格条件、合同条款、评标方法和投标文件相应格式的文件。主要内容有测绘项目概况、投标须知、合同主要条款、合同格式、工程量清单、技术规范、设计图纸、评标标准和方法、投标文件的格式、投标程序、投标截止日期、开标的时间、地点等。自招标文件开始发出之日起至投标人提交投标文件截止之日止,最短不得少于20日。

(八)组织开标与评标

开标应当在招标文件确定的投标文件截止时间同时公开进行。投标人少于三个的,招标人应当依照招标投标法重新招标。一般以开标会议的形式进行,由招标人主持,邀请所有投标人参加。由投标人或者其推选的代表检查投标文件的密封情况,也可以由招标人委托的公证机构进行检查并公证,经确认无误后,当众拆封商务文件和技术建议书所在的信封,并当众唱标。唱标内容一般包括投标人名称、标书是否完整、有无投标保函、保函的种类和数量、监理报价以及招标者认为适合宣布的其他内容。

开标之后,评标立即进行,由招标人依法组建评标委员会进行评标,评标委员会由招标人代表和有关技术、经济方面的专家组成，成员人数为五人以上单数，其中技术经济方面的专家不得少于成员总数的三分之二。评标专家由招标人或招标代理机构从专家库中随机抽取。评标委员会成员名单在中标结果确定前应当保密。评标结束后应向招标人提供书面评标报告，推荐合格的中标候选人，并将评标报告和评标结果按照项目管理权限报县级以上测绘地理信息主管部门备案并公示。

（九）与中标方签订监理合同

中标人确定后，招标人应当向中标人发中标通知书，并同时将中标结果通知所有未中标的投标人。招标人和中标人应当自中标通知书发出之日起 30 日内，按照招标文件和中标人的投标文件订立书面合同。

任务三　测绘工程监理投标

投标，是投标人为了取得项目加工服务的目标，按招标文件的规定编写投标文件，并在规定的时间、地点按要求将投标文件密封送达招标人，按时参加开标并接受评标咨询，进而凭借自身的综合实力、信誉和投标技巧争取获得项目的过程。招标投标法对投标程序做出了严格的规定，结合测绘工程监理投标的具体情况，投标流程如下。

投标

一、投标前期准备

投标人应具备测绘监理资质，具备承担测绘项目监理的能力，在正式投标前应做好相关前期准备工作，包括获取招标信息、调查分析招标人的资信和资金偿付能力、投标决策、成立投标工作小组、办理资格预审手续等。

二、踏勘现场

踏勘现场对测绘工程监理是非常必要的，尤其是对于外地的投标项目。组织精密强干的工作小组到测区踏勘，了解测区的位置、范围、地形、地物覆盖、气候、交通、经济、人文等情况，特别是要掌握招标区域已有测绘资料情况、控制点情况和测绘要素的复杂程度。按招标公告要求，办理可能存在的资格预审手续。对于中小型项目，特别是不进行投标资格预审的，对招标项目所在地比较熟悉，或通过互联网等方式了解判读，也可以不安排现场踏勘。

三、编制投标文件

投标文件是表明投标单位参与本项目竞争的态度，反映本单位的基本情况，展示测绘工程监理能力的书面文件。测绘监理投标文件一般包括测绘监理资质证书、营业执照、组织机构代码证、投标单位法定代表人委托书、监理方案、近三年来已完成的测绘监理业绩、获得荣誉情况、监理费用分项投标价格、总报价及其依据、拟派项目总监理工程师、监理工程师资格审查表、拟在本项目使用的主要仪器设备一览表、阶段性和最终监理报告的格式等。其中，监理方案是监理投标书中技术标的核心，监理报价是监理投标书中商务标的核心。

监理方案是反映投标人能力的主要材料，也是评标专家的主要着眼点，应具有科学性、针对性、先进性和合理性，应针对项目监理需求的实际，紧紧围绕质量控制和进度控制进行

展开,兼顾合同管理、信息管理和组织协调,监理手段应完善,监理措施应具有可操作性,对监理中可能发生的各种问题,提出解决的方法,增强评标委员会对投标人能力的认可程度。

目前,测绘工程监理报价缺少收费依据和参考标准。工程建设监理方面,2007 年 9 月,国家发展和改革委员会与建设部联合颁布了《建设工程监理与相关服务收费管理规定》,该规定对于测绘工程监理投标报价具有一定的借鉴作用,但由于建设工程监理与测绘工程监理在监理组织、人员设备投入、监理方法等方面存在较大差异,收费标准的参考性较差。测绘工程监理投标报价主要采用两种方法:一种是按测绘项目投资额的百分比计算,例如吉林省、四川省规定测绘监理经费不得低于测绘地理信息项目金额的 5%,江苏省规定测绘监理经费不得低于测绘项目金额的 6%。另一种是根据监理单位在项目中的实际投入计算,主要包括四个方面:第一方面是直接费用,包含监理人员工资、差旅费、车辆运输费、伙食费、住宿费和通信费等;第二方面是间接费用,包含材料费、设备折旧费和管理费等;第三方面是税费;第四方面是合理利润。总之,报价合理程度是投标成功与否的主要因素。

由于标书编制多人参与,要有统一的编纂与整理,文字也要精炼修饰,引用数据要准确无误,所有图表数据要齐全,格式统一,引用规范要确保是现行的和最新的,避免引用已废止的法规或规范。投标文件还应按规定加盖公章及法人代表章,在规定的材料页面上由法人代表或其委托人签署。标书的装订质量是给招标人阅览和评标委员评标的第一印象,应整齐美观。投标文件的正、副本份数按招标文件要求提供。编制投标文件是投标工作中十分重要的环节,投标单位应给予高度重视。

四、标书的密封与递送

投标文件编好后应进行密封,具体密封方法要按照招标文件要求办理,以免造成废标。在招标文件要求提交投标文件的截止时间前,将投标文件送达指定投标地点。招标人收到投标文件后,应当签收保存,不得开启。

投标保证金是指在招标投标活动中,投标人随投标文件一同递交给招标人的一定形式、一定金额的投标责任担保。主要保证投标人在递交投标文件后不得撤销投标文件,中标后不得无正当理由不与招标人订立合同,在签订合同时不得向招标人提出附加条件或者不按照招标文件要求提交履约保证金;否则,招标人有权不予返还其递交的投标保证金。

五、参加开标会

投标人应按时参加开标会,并接受可能存在的质询。作为投标人,应注意开标行为是否符合招标投标法律法规规定的程序。在评标过程中,评标委员会可以分别约见某些投标人,要求澄清一些评标中发现的问题或对监理建议提供进一步的说明。参加开标的投标人代表应迅速做出反应,以礼貌和谦逊的态度实事求是地进行解释说明。

六、签订合同

投标人中标并收到中标通知书后,接下来是谈判和签订合同。招标人和投标人双方的谈判是将招标投标中达成的协议具体化,并可完善某些条款。但不涉及价格、质量和工期等招标投标实质性内容。招标文件中已对合同样式和条款内容进行了规定,投标人应及时与招标人签订合同。

■ 项目小结

招标投标是招标人应用技术经济的评价方法和市场竞争机制的作用,通过有组织地开展择优成交的一种成熟的、规范的和科学的特殊交易方式。具有程序性、公开性、公平性和一次性的特征。公开、公平、公正和诚实信用是招标投标的基本原则。测绘工程监理招标的一般程序为:招标项目审批与资金落实、确定招标方式、确定招标办理方式、划分标段、编制并发布招标公告、投标人资格审查、编制并发售招标文件、组织开标与评标、与中标人签订监理合同。测绘工程监理投标的一般程序为:投标前期准备、踏勘现场、编制投标文件、标书密封与递送、参加开标会议、签订监理合同。

■ 思考题

1. 什么是招标投标? 有哪些特点? 有哪些原则?
2. 测绘监理项目招标的一般程序有哪些?
3. 测绘监理项目投标的一般程序有哪些?

项目四　测绘工程监理人员与监理组织

任务一　测绘工程监理人员

测绘工程
监理人员与
监理组织

根据测绘工程监理工作的需要及职能划分,测绘工程监理人员又分为总监理工程师、监理工程师、监理员。总监理工程师、监理工程师、监理员均是岗位职务,各级测绘工程监理人员均应持证上岗。

一、测绘工程总监理工程师

测绘工程总监理工程师简称测绘总监,是由测绘工程监理单位法定代表人书面授权,全面负责测绘工程项目监理工作的测绘工程监理工程师。

大国工匠—工程
测量工陈兆海

(一)测绘工程总监理工程师的作用

测绘工程项目监理实行总监理工程师负责制。测绘工程总监理工程师是派驻测绘生产现场监理组织的全权代理人,是测绘工程项目监理工作的总负责人,履行测绘工程监理合同中约定的责任和义务,并代表测绘工程监理单位行使相应的权力,全面负责组织实施受委托的监理工作。测绘工程总监理工程师对外向业主负责,对内向测绘工程监理单位负责,在授权范围内发布有关指令,签认所监理的测绘工程项目有关款项的支付凭证,测绘工程业主单位不得擅自更改总监理工程师的指令。测绘工程总监理工程师有权建议撤换不合格的测绘工程生产项目负责人及有关人员。测绘工程总监理工程师要公正地协调测绘工程业主单位与被监理的测绘生产单位的争议。因此,测绘工程总监理工程师在项目监理过程中,扮演着一个很重要的角色,是测绘工程监理的责任、权力和利益的主体。

(二)测绘工程总监理工程师的主要职责

(1)组建测绘工程项目的监理组织,并明确监理组织中各工作岗位的人员和职责。

(2)主持编写测绘工程监理规划,审核测绘工程监理实施细则。

(3)负责管理测绘工程监理机构的日常工作。

(4)审定测绘生产单位提交的技术设计书、进度安排、技术总结和变更文件等,并填写"技术设计书监理审查表"。

(5)主持监理工作会议,签发测绘工程监理组织的文件和指令。

(6)组织、指导和检查测绘工程项目监理工作,保证测绘工程监理目标的实现。

(7)签发项目的"开(复)工通知单""停工通知单""合同款支付证书"和"报验申请单"等。

(8)签发监理工作会议纪要及其他重要文件。

(9)主持或参与测绘工程质量事故的调查与处理。

（10）代表测绘工程监理单位调解业主单位与测绘生产单位的合同争议、索赔。

（11）负责测绘工程监理过程中的内外总协调。

（12）向业主报告工作，组织编写测绘工程监理文件等。

（三）测绘工程总监理工程师的素质

由于测绘工程总监理工程师在项目建设中所处的位置，要求测绘工程总监理工程师应具有较高的素质，主要表现在以下几个方面。

1. 精通专业知识，掌握专业技术

作为测绘工程总监理工程师，如果不懂专业知识与技术，就很难在重大技术方案、生产方案的决策上勇于决断，更难以按照测绘工程项目的工艺、生产顺序开展测绘工程监理工作和鉴别测绘仪器设备选型等的优劣。

2. 有较高的管理水平

测绘工程监理工作具有专业交叉渗透、覆盖面宽等特点。因此，测绘工程总监理工程师不仅需要一定深度的专业知识，更需要具备较高的管理才能。只精通技术，不熟悉管理的人不宜做测绘工程总监理工程师。

3. 具有协调控制能力

测绘工程总监理工程师要带领测绘工程监理人员开展测绘工程监理工作，要与不同级别和专业的人合作共事，要与不同地位和知识背景的人打交道，要把参加测绘工程的各方组织成一个整体，要处理各种矛盾、纠纷，要把各方面的关系协调好，还必须对测绘工程的质量、进度、投资及所有重大活动进行严格监督和科学控制，这一切都离不开高超的领导艺术和良好的协调控制能力。为了确保测绘工程目标的实现，测绘工程总监理工程师应该认识到：协调是手段，控制是目的，两者缺一不可，互相促进。

4. 具有组织指挥能力

测绘工程总监理工程师在测绘工程监理工作中责任大、任务繁重，作为测绘工程监理人员的最高领导人必须能指挥若定。测绘工程总监理工程师特别需要统筹全局，要避免组织指挥失误，防止陷入事务圈子或者把精力过分集中于某一个专门性的问题，因此良好的组织领导才能就成了总监理工程师的必备素质。测绘工程总监理工程师良好的组织指挥才能的产生，需要阅历的积累和实践的磨练，而且这种才能的发挥，需要以充分的授权为前提。

5. 具有决策应变能力

测绘工程作业中的地理环境、社会条件、仪器设备等情况多变，只有测绘工程总监理工程师及时决断，灵活应变，才能抓住时机，避免失误。

6. 开会的艺术

会议是测绘工程总监理工程师沟通情况、协调矛盾、反馈信息、制定决策和下达指令的主要方式，也是测绘工程总监理工程师对测绘工程进行监督控制和对内部人员进行有效管理的重要工具。如何高效率地召开会议、掌握会议组织与控制的技巧，是对测绘工程总监理工程师的基本要求之一。

总之，作为测绘工程项目的总监理工程师，必须在专业技术、管理水平、协调控制、组织指挥、决策应变及开会艺术等方面要有较高的造诣，要具备高智能、高素质，才能够有效地领导测绘工程监理工程师及其工作人员顺利地完成测绘工程的监理业务。

二、测绘工程监理工程师

测绘工程监理工程师是指在测绘工程监理工作岗位上工作,有一定专业水平和实践经验,且经考试合格,取得执业资格证书,又经注册的监理人员。测绘工程监理工程师是测绘工程监理单位的主要技术监理人员。

测绘工程监理工程师不是国家现有专业技术职称的一个类别。

测绘工程监理工程师具有以下特点:

(1)测绘工程监理工程师是从事监理工作的人员。

(2)经国务院测绘地理信息主管部门或省级测绘地理信息主管部门核准、注册,已经取得测绘工程监理工程师资格证书。

测绘工程监理工程师并非终身职务,只有具备资格并经注册上岗,从事测绘工程监理工作的人员,才能称为测绘工程监理工程师。

测绘工程监理工程师是一种岗位职务,由政府部门审核资格并注册,具有相应岗位责任的签字权,这是与未取得测绘工程监理工程师岗位证书的测绘工程监理从业人员的区别。

(一)测绘工程监理工程师的职责

测绘工程监理工程师对测绘工程总监理工程师负责,指导测绘工程监理组的测绘工程监理工作,并负责测绘工程监理工作的具体实施,接受测绘工程总监理工程师的指令和交办的工作,与测绘工程监理组工作协调配合。

(1)编制测绘工程监理实施细则,并严格按实施细则进行具体的测绘工程监理工作。

(2)负责审核测绘项目人员资质,并填写"测绘项目人员资质登记表"。

(3)组织、指导、检查和监督测绘工程监理员的工作,当人员需要调整时,向测绘工程总监理工程师提出建议。

(4)审查测绘生产单位提交的计划、方案、申请、变更,并向测绘工程总监理工程师提出报告。

(5)熟悉测绘合同条款、技术规范,对测绘工程质量进行全面监督控制。

(6)检查测绘工程生产单位的质量自检体系及其运转情况。

(7)严格进行现场监理。实施旁站监理,并填写"旁站监理表";检查有关测绘工序的生产质量,特别是对关键部位的测绘质量进行监理检查,并填写"监理检查记录表"。

(8)监督测绘生产单位执行测绘工程总监理工程师的指令情况,工序成果质量抽查。在测绘成果未提交测绘工程监理工程师审核前,不能进行下一道工序的生产。

(9)定期或不定期地向测绘工程总监理工程师提交测绘工程监理动态报告,对重大问题及时向测绘工程总监理工程师汇报和请示。

(10)定期报告测绘工程进度情况并处理工期延误。

(11)负责审核测绘工程生产单位提交的测绘成果,检查其精度和分析研究各种因素,并将结果及时报告总监理工程师。

(12)负责测绘工程监理资料的收集、汇总及整理。参与编写测绘工程监理月报、测绘工程质量评估报告和测绘工程监理工作总结。

(二)测绘工程监理工程师的素质

测绘工程监理是高智能的技术服务,其服务水平和质量取决于测绘工程监理工程师的水平和素质。测绘工程监理工程师的素质由下列要素构成。

1. 具有较高的理论水平

测绘工程监理工程师作为从事测绘工程监理活动的骨干人员,只有具有较高的理论水平,才能保证在测绘工程监理过程中抓重点、抓方法、抓效果,分析和解决问题时才能从理论高度着手,才能起到权威作用。测绘工程监理工程师的理论水平和修养应当是多方面的。首先,应当熟知测绘的方针、政策,具有较强的法律法规意识,能在测绘工程监理实践中准确的应用;其次,应当掌握测绘工程方面的专业理论,在解决实际问题时能够透过现象看本质,从根本上解决和处理问题。

2. 具备较高的专业技术水平

测绘工程监理业务专业性很强,测绘工程监理工程师要向测绘工程业主单位提供测绘工程项目的技术咨询服务,必须具有较高的专业技术水平,须是高智能的复合型人才。例如,在地籍测量项目的监理中,测绘工程监理工程师除在地籍测量方面具有较高的技术水平外,还要对航空摄影测量、工程测量、地理信息系统、数据库建设等专业知识有一定的熟悉和了解。

3. 具有丰富的测绘实践经验

测绘实践经验是指理论知识在测绘工程中应用的经验。一般来说,应用的时间越长、次数越多,经验也就越丰富。测绘工程监理活动伴随着测绘项目的动态过程进行,测绘工程监理工程师需要在动态过程中发现问题与解决问题,而发现和解决问题的能力,在很大程度上取决于测绘工程监理工程师的经验和阅历。见多识广,就能够对可能发生的问题加以预见,从而采取主动控制措施;经验丰富,就能够对突发问题及时采取有效方法加以处理。因此,丰富的测绘实践经验是胜任测绘工程监理工作、有信心做好测绘工程监理工作的基本保证。

4. 具备良好的职业道德

测绘工程监理工程师除应具备广泛的理论知识、丰富的测绘工程实践经验外,还应具备高尚的职业道德。测绘工程监理工程师必须秉公办事,按照监理合同条件公正地处理各种问题,遵守国家的各种法律法规。既不接受业主所支付的酬金以外的任何回扣、津贴或其他间接报酬,也不得与测绘生产单位有任何经济往来,包括接受测绘生产单位的礼物,经营或参与经营测绘生产以及测绘仪器、设备采购活动,或在测绘生产单位及测绘仪器、设备经销单位任职或兼职。测绘工程监理工程师还要有很强的责任心,认真细致地进行工作。这样才能避免由于测绘工程监理工程师的行为不当,给测绘工程监理单位带来不必要的损失和影响。

5. 具有较强的组织协调能力

在测绘工程生产的全过程中,测绘工程监理工程师依据测绘合同对测绘工程项目实施监督管理,测绘工程监理工程师要面对测绘工程业主单位、测绘工程生产单位、测绘仪器设备经销单位以及地方有关的单位,只有协调好有关各方的关系,处理好各种矛盾和纠纷,才能使测绘工程顺利地开展,实现测绘项目最终的目标。

6. 具备良好的身体素质

测绘工程监理工程师要具有健康的体魄和充沛的精力,这是由测绘工程监理工作现场性强、流动性大、工作条件差、任务繁忙等工作性质所决定的。

三、测绘工程监理员

测绘工程监理员是具有同类工程相关专业知识,经过专门测绘工程监理业务培训,取得测绘工程监理员岗位证书,从事具体测绘工程监理工作的人员。

测绘工程监理员不同于项目监理组织中的其他行政辅助人员,属于测绘工程技术人员。

测绘工程监理员协助测绘工程监理工程师开展监理工作,对测绘工程监理工程师负责。测绘工程监理单位要开展测绘工程监理工作,就必须具备与所监理的测绘工程在专业上相适应的测绘工程监理人员。

测绘工程监理员负责协助测绘工程监理工程师的工作,按照测绘工程监理实施细则及测绘工程监理工程师的要求开展具体的监督、检查、巡视、记录、数据处理等工作,并做好相关记录;负责完成测绘工程监理工程师安排的其他工作。

测绘工程监理员应按照被授予的职责权限履行以下职责:

(1)在测绘工程监理工程师的指导下开展现场监理工作。

(2)检查测绘生产单位投入测绘工程项目的人力、物力;主要设备及其检定、使用、运行状况,并做好"测绘项目生产单位现场机构及人员统计表"和"测绘项目投入仪器、设备、软硬件登记表"等记录。

(3)按设计及有关标准,对测绘生产单位的作业过程进行检查和记录,对测绘成果的质量进行检查和记录。

(4)担任旁站监理工作,发现问题及时指出并向测绘工程监理工程师报告。

(5)做好"监理日志""会议记录""监理信息文件收、发登记表"等有关的测绘工程监理记录。

当测绘工程监理人员数量较少时,测绘工程监理工程师可同时承担测绘工程监理员的职责。

四、测绘工程监理人员的职业道德

为了确保测绘工程监理事业的健康发展,对从事测绘工程监理工作的人员的职业道德有严格的要求:

(1)维护国家的荣誉和利益,按照"守法、诚信、公正、科学"的准则执业。

(2)严格执行有关测绘的法律法规、规范、标准和制度。

(3)认真履行测绘工程监理委托合同所承诺的义务和约定承担的责任。

(4)努力学习专业技术和测绘工程监理知识,不断提高业务能力和测绘工程监理水平。

(5)坚持公正的立场,公平地处理有关各方的争议。

(6)坚持科学的态度和实事求是的原则。

(7)不以个人名义承接测绘工程监理业务。

(8)不得损害他人名誉。

(9)不同时在两个或两个以上测绘工程监理单位注册和从事测绘工程监理活动,不在政府部门、测绘生产单位、仪器设备经销等单位兼职。

(10)不擅自接受业主额外的津贴,也不接受被监理单位的任何津贴。不接受可能导致判断不公的报酬。

（11）不泄露所监理的测绘工程各方认为需要保密的事项。

测绘工程监理人员如果违背职业道德,由政府主管部门没收非法所得,收缴测绘工程监理资格证书,并可处以罚款。测绘工程监理单位还要根据企业内部的规章制度给予处罚。

任务二　测绘工程监理组织

测绘工程监理组织是指测绘工程监理单位派驻测绘工程项目生产现场,负责履行委托测绘工程监理合同的组织机构。

测绘工程监理单位通过一定的方式取得测绘工程监理任务,在与测绘工程业主单位签订书面测绘工程委托监理合同后,就要组建测绘工程项目监理组织。测绘工程项目监理组织一般由测绘工程总监理工程师、测绘专业监理工程师或子项监理工程师和其他测绘工程监理人员组成。测绘工程项目监理实行测绘总监理工程师负责制。测绘工程总监理工程师行使委托监理合同赋予测绘工程监理单位的权限,全面负责委托的监理工作。测绘工程项目监理组织成立后一般工作内容有:收集有关资料,熟悉情况,编制测绘工程监理规划;按测绘工程进度,编制测绘工程监理细则;根据测绘工程监理规划和测绘工程监理细则开展测绘工程监理活动;参与测绘成果检查验收并签署检查报告等。

一、测绘工程监理组织设计

组织设计就是对测绘工程监理组织内各要素进行合理组合,建立和实施一种特定组织结构的动态工作过程。有效的组织设计在提高测绘工程监理组织活动效能方面起着重大作用。

(一)测绘工程监理组织构成因素

测绘工程监理组织构成一般是上小下大的形式,由管理层次、管理跨度、管理部门、管理职能四大因素组成。各因素是密切相关、相互制约的。

1. 管理层次

管理层次是指从组织的最高管理者到最基层的实际工作人员之间的等级数量。

管理层次可分为决策层、中间层、操作层。决策层由测绘工程总监理工程师和总监理工程师代表组成,主要任务是根据测绘委托监理合同确定测绘工程监理组织的目标、大政方针和测绘工程监理实施计划,它必须精干、高效。中间层由各测绘专业监理工程师组成,其人员必须有较高的业务工作能力,具有实干精神并能坚决贯彻测绘总监理工程师指令,中间层又可细分为协调层和执行层,协调层的任务是做好参谋,进行测绘项目咨询与信息管理,协调参与测绘工程各方的关系;执行层的任务是直接调动和组织人力、财力、物力等具体负责测绘工程监理规划的落实,测绘工程监理目标的控制和测绘合同实施的管理。操作层由测绘工程监理员和检查员组成,任务是完成测绘工程监理的具体工作,其人员应有熟练的作业技能。

管理层次各层的职能和要求不同,就有不同的责任和权限,同时也反映出测绘工程监理组织中人数的变化规律。测绘工程监理组织的最高管理者到最基层的实际工作人员权责逐层递减,而人数却逐层递增。

测绘工程监理组织必须形成必要的管理层次,如果缺乏足够的管理层次,将使其运行陷

于无序的状态,然而,管理层次也不宜过多,否则会造成资源和人力的浪费,同时也会出现信息传递慢、指令走样、协调困难等问题。如果测绘项目不大,中间层可以取消,管理层次也可以由决策层和操作层两个层次组成。

2. 管理跨度

管理跨度是指一名上级管理人员所直接管理的下级人数或部门的数量。

由于每一个人的能力和精力都是有限的,一个上级管理人员能够直接、有效地指挥下级的数目就具有一定的限度。管理跨度的大小取决于需要接触处理的工作量,则跨度(N)与工作接触关系数(C)的关系式是:$C = N(2^{N-1} + N - 1)$,这就是邱格纳斯公式。

管理跨度不是一成不变的,它的弹性很大,影响因素也很多,它与管理人员的才能、授权程度、个人精力、性格及被管理者的素质有很大关系,此外还与工作的难易程度、工作地点的远近、工作内容的相似程度、工作的制度和程序等因素有关。跨度太大时,管理人员和下属接触的频率就会很高,常有应接不暇之感。确定适合的管理跨度,需积累经验并在实践中进行必要的调整。通常一个组织的高、中级管理人员的有效管理跨度以 3~7 人(或部门)为宜,而低级管理人员的有效管理跨度则可大些。

因此,在测绘工程监理组织结构设计时,必须强调跨度适当。跨度的大小又和分层多少有关,一般来说,管理层次增多,跨度就小;反之,层次少,跨度就大。

3. 管理部门

管理部门是指由在组织中工作的人员组成的若干管理的单元,即划分部门对管理工作进行分工。将不同的管理人员安排在不同的管理岗位和部门中,通过他们在特定的环境、特定的关系中的工作,使整个管理系统有机地运转起来。

管理部门的划分要根据测绘工程监理目标、测绘工程监理合同、工作内容等情况确定,可按职能划分,也可按测绘产品划分,也可按区域划分,从而形成既有相互分工又有相互配合的组织机构。测绘工程监理组织中各部门的合理划分对发挥测绘工程监理组织效能是十分重要的。如果部门划分得不合理,就会造成控制、协调的困难,也会造成人浮于事。

4. 管理职能

管理职能是管理过程中各项行为内容的概括,是指管理活动应当承担和可能完成的基本任务。

组织设计确定各部门的职能时,要考虑测绘工程监理人员的素质、测绘工程监理业务的标准化程度、测绘工程监理工作的复杂性和相似性、测绘工程项目的区域范围、测绘产品的种类和数量等因素,按测绘工程监理工作的实际需要确定。在纵向必须使领导、检查、指挥灵活,从而达到指令传递快、信息反馈及时;在横向必须使各部门间相互联系、协调一致,而各部门必须有职有责,且尽职尽责。

(二)测绘工程监理组织设计原则

提高组织活动的效能是测绘工程监理组织设计的目的,因此测绘工程监理组织设计就应考虑以下基本原则。

1. 集权与分权统一的原则

在测绘工程项目监理组织设计中,测绘总监理工程师掌握所有监理权,这是集权,而各测绘专业监理工程师只是测绘总监理工程师命令的执行者;在测绘总监理工程师的授权下,各测绘专业监理工程师在各自管理的范围内有足够的决策权,这是分权,测绘总监理工程师在各测绘专业监理工程师之间起协调作用。

在任何测绘工程监理组织中集权和分权都不是绝对的。高度的集权会造成盲目和武断,过分的分权会导致失控与不协调。测绘工程项目监理组织如何采取集权和分权,要根据测绘工程的特点、测绘工程监理工作的具体内容、测绘总监理工程师的能力和精力,以及各测绘专业监理工程师的工作经验、工作能力、工作态度等因素进行综合考虑。如果测绘作业地点集中、工程规模不大、项目难度较小,可以采取相对集权形式;反之,可以采取适当分权形式。

2. 分工与协作统一的原则

分工就是将测绘工程监理工作按目标和任务分配给测绘工程监理组织各部门以及各测绘工程监理人员来实施,以提高测绘工程监理专业化程度和工作效率。在测绘工程监理组织中有分工就必然要协作,协作就是在分工的基础上明确各部门以及各测绘工程监理人员之间的协调关系与配合办法,使测绘工程监理组织形成统一的整体,避免各自为政。

(1)按照专业化的要求来设置测绘工程监理组织机构,在工作上要有严密分工。分工时要考虑经济效益,按每个人的熟悉程度来承担工作。

(2)按规范化要求明确各部门之间的工作关系,要有具体可行的协调配合办法。

3. 管理跨度和管理层次统一的原则

管理跨度与管理层次是相互制约的,且成反比例关系。管理跨度扩大可以使管理层次减少,加快信息传递,减少信息失真,使信息反馈及时,减少管理人员,降低管理费用;但是,每一个人的知识、能力和精力都是有限的,需要协调的工作量增大,容易导致组织失控,这就决定了管理跨度不能无限扩大。管理跨度与管理层次统一,就是在全局范围内,根据测绘工程监理组织的内部条件和外部环境的不同来综合权衡,适当确定管理跨度的大小及管理层次的多少。在测绘工程监理组织机构设置时,若下级测绘工程监理人员的才智高、能力强、经验丰富,且有关指示、命令、请示能及时传达,上下级沟通顺畅,其管理跨度可大些,反之要小些。

4. 责、权、利对等原则

责、权、利对等原则也就是责、权、利一致原则,在测绘工程监理组织中,对于不同的岗位、职务要明确划分职责,再赋予同等的权力,并得以相应的利益,且职责、权力、利益是对等的关系。责、权、利不对等就可能损伤测绘工程监理组织的效能,如果权大于责容易导致滥用职权的官僚主义;责大于权容易危及整个测绘工程监理组织系统的运行,不利于任务的完成;责大于利容易影响测绘工程监理人员的积极性,而失去主动性和创造性。因此,只有通过科学的组织设计,将各种职责、权力、利益等形成规范,订出章程,使担任各项工作的测绘工程监理人员都能有所遵从,做到有责、有权、有利,测绘工程监理组织系统才能正常运行。

5. 才职相称原则

才职相称原则,亦称因职设人原则,就是使测绘工程监理人员的才智、能力与担任的职务相适应,即量才任职。首先明确测绘工程监理每种职位及职务的具体要求、任务和职责,以及完成每一项工作所需要的知识和技能等,为量才任职设立一个客观的标准和依据;其次可以通过测验及面谈等方式,考察测绘工程监理人员的学历与经历,了解他们的知识、经验、才能、兴趣等,根据各种职位、职务的需要安排合适的人员担任相应的工作,或者通过培训,使测绘工程监理人员胜任相应的工作;最后进行评审比较,如果在测绘工程监理工作中发现

才职不相称的测绘工程监理人员,应果断调整,做到人尽其才,才得其用,用得其所,各尽所能。

才职相称的原则,既是组织设计原则之一,也属领导者用人之道。

6. 经济效益原则

经济效益原则就是以尽量少的劳动耗费取得尽量多的经营成果。服务就要有经济回报,测绘工程监理组织也要为了获得更高的经济效益而设计。在测绘工程监理项目规模确定的前提下,要想获得最佳的经济效益,就应研究和探讨如何降低成本,体现其最大收益率。在测绘工程监理组织结构中各测绘工程监理部门、测绘工程监理人员都要围绕测绘工程监理目标实行最有效的内部协调,用较少的人员、较少的层次、较少的时间,减少重复和扯皮,使测绘工程监理工作完成得简洁而正确、快速而高效,以达到最佳的监理效果。

7. 组织弹性原则

组织机构设置的弹性原则,简称组织弹性原则,是指测绘工程监理组织部门设置、人员编制、任务体系及权力分配等方面,要有相对的稳定性,不要总是轻易变动。但测绘工程项目的生产活动具有野外性、阶段性、流动性和综合性的特点,必然会带来测绘生产对象数量、质量和地点的变化,带来测绘仪器设备配置的品种和数量的变化,这就必须随测绘工程监理阶段、内容、组织内部和外部条件的变化和测绘工程监理目标控制的要求,及时进行适当的调整,在测绘工程监理组织形式、专业、人员数量等方面做出变更,使得测绘工程监理组织具有一定的适应性。因此,测绘工程监理组织设计就应充分考虑到测绘工程监理项目的近期和长期的发展变化,对机构设置和人员编制等都应留有一定的余地。

二、测绘工程监理组织形式

测绘工程监理组织形式要根据测绘工程项目的特点、组织模式、测绘工程业主委托的任务及测绘工程监理单位自身状况,科学、合理地进行确定。现行的测绘工程监理组织主要有直线制测绘工程监理组织、职能制测绘工程监理组织、直线职能制测绘工程监理组织和矩阵制测绘工程监理组织等形式。

(一)直线制测绘工程监理组织

直线制测绘工程监理组织形式简单,它的特点是测绘工程监理组织中各种职位按垂直系统直线排列,测绘工程监理组织中任何一个下级只接受唯一上级的命令。测绘工程总监理工程师负责整个项目的规划、组织、指导与协调,子项目监理组分别负责各子项目的目标控制,具体领导现场专项监理组的工作。

直线制测绘工程监理组织主要优点是权力集中、命令统一、职责分明、信息流通快、决策迅速、隶属关系明确;缺点是实行没有职能机构的"个人管理",要求测绘工程总监理工程师必须是通晓各种业务和多种知识技能的"全能"式人物。这种测绘工程监理组织形式不适用于规模大、工序复杂的测绘工程项目。

在实际工作中,直线制测绘工程监理组织有以下具体形式:

(1)按子项目分解的直线制测绘工程监理组织形式(见图4-1),适用于能划分为若干相对独立的子项目的测绘工程。

(2)按阶段分解的直线制测绘工程监理组织形式(见图4-2),适用于测绘工程业主单位委托测绘工程监理单位对测绘工程实施全过程监理。

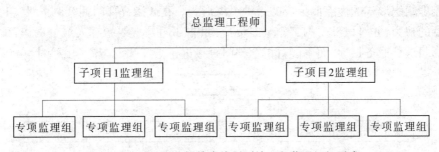

图4-1　按子项目分解的直线制测绘工程监理组织形式

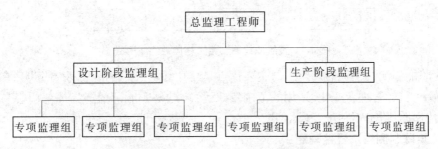

图4-2　按阶段分解的直线制测绘工程监理组织形式

(二)职能制测绘工程监理组织

职能制测绘工程监理组织特别强调职能的专业分工,它以职能为划分部门的基础,把管理的职能授权给不同的管理部门,是一种传统的组织结构形式。这种测绘工程监理组织形式,是在测绘工程总监理工程师以下设置一些职能机构,分别从职能的角度对基层测绘工程监理组进行业务管理。这些职能部门通过测绘工程总监理工程师的授权,在授权范围内对主管的业务范围,向下发布命令和指示(见图4-3)。

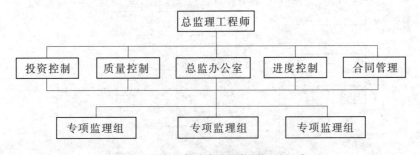

图4-3　职能制测绘工程监理组织形式

职能制测绘工程监理组织的主要优点是加强了测绘工程监理目标控制,职能化分工明确,各职能部门的工作具有很强的针对性,能够最大程度地发挥职能部门的专业管理作用,提高管理效率,减轻测绘工程总监理工程师的负担;缺点是项目信息传递途径不畅,容易出现多头领导、多头指令,如果这些指令相互矛盾,将使各部门人员在测绘工程监理工作中无所适从,职能协调麻烦,容易造成职责不清。这种测绘工程监理组织形式主要适用于内容复杂、技术专业性强、管理分工较细、任务相对稳定明确的测绘项目。

(三)直线职能制测绘工程监理组织

直线职能制测绘工程监理组织形式是吸收了直线制测绘工程监理组织形式和职能制测绘

绘工程监理组织形式的优点而形成的一种组织形式。直线指挥部门拥有对下级实行指挥和
发布命令的权力,并对该部门的工作全面负责;职能部门是直线指挥人员的参谋,他们只能
对指挥部门进行业务指导,而不能对指挥部门直接进行指挥和发布命令(见图 4-4)。

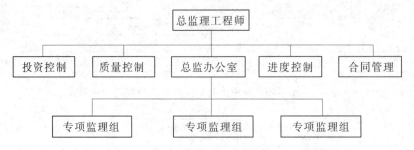

图 4-4   直线职能制测绘工程监理组织形式

直线职能制测绘工程监理组织的主要优点是集中领导、统一指挥、职责分明、有利于提
高办事效率、目标管理专业化、适用的范围较广泛;缺点是职能部门与指挥部门容易产生矛
盾,信息传递路线长,不利于互通情报。

(四)矩阵制测绘工程监理组织

矩阵制测绘工程监理组织是把职能部门和测绘工程监理对象结合起来的一种组织形
式,是由纵、横两套管理系统组成的矩阵形组织结构。一套是纵向的职能系统,另一套是横
向的子项目系统,既能发挥职能部门的横向优势,又能发挥项目组织的纵向优势。各测绘专
业监理组同时受职能机构和子项目监理组直接领导(见图 4-5)。

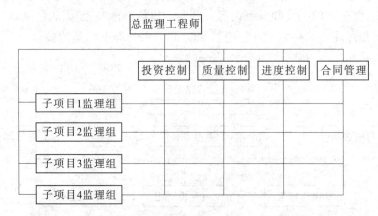

图 4-5   矩阵制测绘工程监理组织形式

矩阵制测绘工程监理组织的优点是加强了各职能部门的横向联系,具有较大的机动性
和适应性,能以尽可能少的人力,实现多个测绘工程监理的高效率,把上下左右集权与分权
实行最优的结合,有利于解决复杂难题,有利于测绘工程监理人员业务能力的培养;缺点是
纵、横向协调工作量大,处理不当会造成扯皮现象,产生矛盾。

矩阵制测绘工程监理组织形式适用于测绘工程监理项目能划分为若干个相对独立子项
的大中型、复杂的测绘工程项目,有利于测绘工程总监理工程师对整个项目实施规划、组织、
协调和指导,有利于统一测绘工程监理工作的要求和规范化,同时又能发挥子项工作班子的
积极性,强化责任制。

但采用矩阵制测绘工程监理组织形式时须注意,在具体工作中要确保指令的唯一性,明确规定当指令发生矛盾时,应执行哪一个指令。

三、测绘工程监理组织的组建步骤

测绘工程监理单位要根据测绘工程监理委托合同所规定的监理任务、测绘工程项目规模的大小、工期的长短、工序的复杂程度、工程的性质和测区地域分布等特点,结合测绘工程监理单位监理人员的数量、技术水平、设备现状以及曾经承担过的测绘工程监理任务等具体情况,组成相应的测绘工程项目的监理组织。

测绘工程监理组织一般按图 4-6 所示的步骤组建。

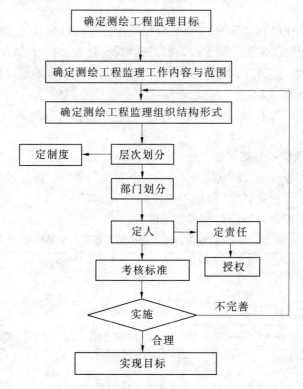

图 4-6　测绘工程监理组织的组建步骤

(一) 确定测绘工程监理目标

测绘工程监理目标是测绘工程监理组织建立的前提,测绘工程监理组织的建立应根据测绘工程委托监理合同中确定的测绘工程监理目标,制订总目标并明确划分测绘工程监理组织的分解目标。

(二) 确定测绘工程监理工作内容与范围

根据测绘工程监理目标和测绘委托监理合同中规定的测绘工程监理任务,明确列出测绘工程监理工作内容和范围,并进行分类归并及组合。测绘工程监理工作的归并及组合应便于测绘工程监理目标控制,并综合考虑测绘工程的特点、测绘合同工期、测绘工程复杂程度、测绘工程管理及技术要求等,还应考虑测绘工程监理单位自身组织管理水平、测绘工程监理人员数量、技术业务特点等。

(三)确定测绘工程监理组织结构形式

测绘工程监理组织结构形式必须根据测绘工程项目规模、性质、生产阶段等测绘工程监理工作的需要,从有利于测绘项目合同管理、目标控制、决策指挥、信息沟通等方面综合考虑。

(四)确定管理层次

测绘工程监理组织结构一般由决策层、中间控制层、作业层三个层次组成。决策层由测绘工程总监理工程师及总监理工程师代表组成,负责测绘工程监理活动的决策;中间控制层即协调层与执行层,由测绘专业监理工程师和子项目监理工程师组成,具体负责测绘工程监理规划落实、测绘目标控制和测绘合同管理;作业层即操作层,由测绘工程监理员、检查员组成,负责测绘生产现场监理工作的具体操作。

(五)确定管理部门

测绘工程监理组织各职能部门的划分,应根据测绘工程监理目标、监理组织中可利用的人力资源和物力资源以及测绘工程监理合同结构情况,将质量控制、进度控制、投资控制、合同管理、组织协调等监理工作内容按不同的职能活动或按子项分解形成相应的管理部门。

(六)选派监理人员

根据组织各岗位的需求,考虑人员个人素质与组织整体合理配置、相互协调,有针对性地选择监理人员。

(七)制订岗位职责和考核标准

根据责、权、利对等原则,设置各组织岗位并制订岗位职责。岗位因事而设,进行适当授权,承担相应职责,获得相应利益,避免因人设岗。表 4-1 和表 4-2 分别为测绘工程总监理工程师和专业监理工程师岗位职责与考核标准。

表 4-1　测绘工程总监理工程师岗位职责与考核标准

目标	职责内容	考核要求	
		标准	完成时间
工作指标	测绘工程质量控制	符合质量评定验收标准	工程各阶段末
	测绘工程进度控制	符合测绘合同工期及总控制进度计划	每月(季)末
	测绘工程投资控制	符合投资规划	每月(季)末
基本职责	根据业主的委托与授权,负责和组织测绘工程的监理工作	协调各方面的关系,组织测绘工程监理活动的实施	
	根据测绘工程监理委托合同主持制订测绘工程监理规划,并组织实施	对测绘工程监理工作进行系统策划,组建好测绘工程监理组织	测绘委托监理合同生效后 1 个月
	审核各测绘子项、各专业监理工程师编制的测绘工程监理工作计划或实施细则	应符合测绘工程监理规划,并具有可行性	各测绘子项专业监理开展前 15 天
	监督和指导各子项及各专业监理工程师对投资、进度、质量进行监控,并按测绘合同进行管理	使测绘工程监理工作进入正常工作状态,使测绘工程处于受控状态	每月末检查

续表 4-1

目标	职责内容	考核要求	
		标准	完成时间
基本职责	做好测绘生产过程中有关各方面的协调工作	使测绘工程处于受控状态	每月末检查、协调
	签署测绘工程监理组织对外发出的文件、报表及报告	及时、完整、准确	每月(季)末
	审核、签署测绘工程监理档案资料	完整、准确、真实	竣工后 15 天或依测绘委托监理合同约定

表 4-2　测绘工程专业监理工程师岗位职责与考核标准

目标	职责内容	考核要求	
		标准	完成时间
工作指标	测绘工程质量控制	符合质量评定验收标准	工程各阶段
	测绘工程进度控制	符合控制性进度计划	月末
	测绘工程投资控制	符合投资分解规划	月末
	测绘合同管理	按合同约定	月末
基本职责	在测绘工程总监理工程师领导下,熟悉测绘工程情况,清楚测绘工程监理的特点和要求	制订本专业监理工作计划和实施细则	实施前 1 个月
	具体负责组织测绘工程监理工作	监理工作有序,工程处于受控状态	每周(月)检查
	做好与有关部门之间的协调工作	保证监理工作及工程顺利进展	每周(月)检查、协调
	处理与测绘工程有关的重大问题并及时向测绘工程总监理工程师报告	及时、如实	问题发生后 10 天
	负责与测绘工程有关的签证、对外通知、备忘录,以及及时向测绘工程总监理工程师的报告、报表资料	及时、如实、准确	
	负责整理与测绘工程有关的竣工验收资料	完整、准确、真实	竣工后 10 天或依测绘工程委托监理合同约定

■ 项目小结

　　测绘工程监理人员有持证上岗的测绘工程总监理工程师、测绘工程监理工程师和测绘工程监理员。

　　测绘工程总监理工程师是由测绘工程监理单位法定代表人书面授权,全面负责测绘工程项目监理工作的测绘工程监理工程师。他应精通专业知识,掌握专业技术,有较高的管理水平,具有协调控制能力,具有组织指挥能力,具有决策应变能力和开会的艺术。

　　测绘工程监理工程师是在测绘工程监理工作岗位上工作,有一定专业水平和实践经验,且经考试合格,取得执业资格证书,又经注册的测绘工程监理人员。

　　测绘工程监理员是具有同类工程相关专业知识,经过专门测绘工程监理业务培训,取得测绘工程监理员岗位证书,从事具体测绘工程监理工作的人员。

　　测绘工程项目监理组织根据集权与分权统一、分工与协作统一、管理跨度和管理层次统一、责权利对等、才职相称、经济效益、组织弹性的原则,按照密切相关、相互制约的管理层次、管理跨度、管理部门、管理职能四大因素,由测绘总监理工程师、测绘专业监理工程师或子项监理工程师和其他测绘工程监理人员组成。

　　现行的测绘工程监理组织主要有直线制测绘工程监理组织、职能制测绘工程监理组织、直线职能制测绘工程监理组织和矩阵制测绘工程监理组织等形式。测绘工程监理单位要根据测绘工程监理委托合同所规定的监理任务、测绘工程项目规模的大小、工期的长短、工序的复杂程度、工程的性质和测区地域分布等特点,结合测绘工程单位监理人员的数量、技术水平、设备现状以及曾经承接过的测绘工程监理任务等具体情况,组成相应的测绘工程项目的监理组织。

■ 思考题

　　1. 测绘工程总监理工程师有什么作用?

　　2. 测绘工程总监理工程师有哪些职责?

　　3. 测绘工程总监理工程师的素质要求是什么?

　　4. 测绘工程监理工程师有哪些职责?

　　5. 测绘工程监理工程师的素质有什么要求?

　　6. 测绘工程监理员有哪些职责?

　　7. 测绘工程监理人员的职业道德有哪些?

　　8. 测绘工程监理组织构成因素有哪些?

　　9. 测绘工程监理组织设计原则是什么?

　　10. 测绘工程监理组织形式有哪些?

　　11. 简述直线职能制测绘工程监理组织。

　　12. 简述测绘工程监理组织的组建步骤。

项目五　测绘工程监理的质量控制

项目五　测绘工程监理的质量控制

现代的测绘工程具有项目规模大、技术含量高、精度要求高、成果多样性、生产组织复杂、持续时间长、涉及人员多、工作量大的特点,概括起来就是“六化”和“十六字”。“六化”即测量内外业作业的一体化、数据获取及处理的自动化、测量过程控制和系统行为的智能化、测量成果和产品的数字化、测量信息管理的可视化、信息共享和传播的网络化。“十六字”是精确、快速、可靠、实时(动态)、遥测(遥控、遥传)、集成、简便、安全。而测绘成果的质量始终是投资者和用户共同关注的问题,投资者能否按照投资目标获得预期的经济效益和社会效益,测绘成果质量是前提和保障, 也是测绘项目能否取得成功的关键。只有对测绘成果实施有效的质量控制,才能使测绘成果达到目标的要求。因此,对测绘工程质量的控制是测绘工程监理工作的核心和重点。

测绘工程监理的质量控制

任务一　测绘工程监理质量控制的作用

测绘工程监理质量控制是指为实现测绘工程项目的质量要求而采取的措施、手段和方法。

测绘工程监理质量控制的目标是确保测绘成果的质量能够满足要求。为了实现这一目标,需要对测绘成果形成的全过程中各个阶段的各个环节实施监控,及时发现并排除各阶段各环节上引起不合格或不满意效果的因素以及有关技术活动偏离规定要求的现象,使其恢复正常,从而满足质量要求,达到控制的目的。

质量控制是测绘工程监理工作中首要的、最关键的任务,是测绘工程项目三大目标中最重要的核心目标。测绘工程监理质量控制的作用主要体现在以下几方面。

一、质量控制能使业主得到满意的成果

测绘工程项目的成果必须满足国家和政府颁布的有关标准、规范以及测绘工程项目的有关合同文件。测绘工程质量是测绘项目成果的基础,没有工程质量,就等于业主只投资没有得到成果。测绘工程监理受业主委托,代表业主进行质量监控,对测绘成果形成全过程中各环节上的主导因素进行有效的控制,对测绘生产单位的作业人员的作业过程有较为全面的了解,对测绘产品的质量就能有较好的分析和评估,及时预防、纠偏,消除质量缺陷,使测绘工程质量得到有力的保障,才能满足业主对整个测绘工程项目成果质量的要求。

二、质量控制能使测绘项目顺利进行

测绘成果质量是测绘产品在生产过程中各工序逐渐累积的,只有在测绘生产每个环节上都进行有效的控制,保证各个阶段测绘成果的质量,才能保障测绘工程进度计划的正常运

行。如果忽视了工序上的质量控制,测绘生产单位很有可能放任生产,就可能造成生产的返工、窝工,使生产不能按照进度计划有序地进行。在测绘实施过程中,测绘工程监理进行严格的质量控制,就能够保证测绘项目的质量要求,减少实施过程中的返工现象,即可以使测绘项目顺利按计划进行,也不会产生因返工而增加费用。

三、质量控制能使测绘生产单位的生产能力得以提高

在测绘工程生产过程中,测绘工程监理进行严格的质量控制,可以克服测绘生产单位质量控制的片面性和随意性,调动测绘生产单位自觉提高产品质量的责任感;能促使测绘生产单位管理工作的畅通,有利于生产人员顺利地工作,使管理人员、生产人员关系的进一步和谐;有利于健全和不断地完善测绘生产单位的生产组织和人员的优化配置及测绘生产单位质量保证体系,增加测绘生产单位的经济效益,提高测绘生产单位的生产能力。

■ 任务二　测绘工程监理质量控制的依据和内容

一、质量控制的依据

为了加强测绘产品质量监督管理,确保测绘产品质量,维护业主、测绘生产单位及用户的合法权益,根据《中华人民共和国测绘法》《中华人民共和国产品质量法》,国家测绘局专门制定了《测绘地理信息质量管理办法》《测绘生产质量管理规定》等,测绘工程监理在进行质量控制过程中,就能做到有法可依、有法可循。

(一)质量控制的基本依据

测绘工程监理质量控制的基本依据是国家的法律法规与合同。例如:通用的《中华人民共和国产品质量法》《中华人民共和国招标投标法》《中华人民共和国合同法》等;行业的《中华人民共和国测绘法》《中华人民共和国测绘成果管理条例》《基础测绘条例》《测绘生产质量管理规定》《测绘地理信息质量管理办法》等;业主与测绘工程监理单位的测绘工程监理合同、业主与测绘生产单位的测绘生产合同,测绘工程文件(如可行性报告,招、投标书等)。测绘生产合同和测绘工程监理合同文件分别规定了参与测绘生产的各方在质量控制方面的权利和义务,有关各方必须履行合同中的各项承诺。对于测绘工程监理单位来说,既要履行测绘工程监理合同的条款,又要监督业主、测绘生产单位履行有关的质量控制条款。因此,测绘工程监理工程师要熟悉和掌握这些条款,据此进行质量监督和控制。

(二)质量控制的技术依据

测绘工程监理质量控制的技术依据是国家、行业、地方和企业的测绘标准规范及测绘生产技术设计书。测绘标准规范是建立和维护正常测绘生产和工作秩序应遵循的准则,也是衡量测绘成果质量的尺度。例如:《工程测量规范》(GB 50026—2007)、《房产测量规范》(GB/T 17986—2000)、《城市测量规范》(CJJ/T 8—2011)、《国家一、二等水准测量规范》(GB/T 12897—2006)、《测绘成果质量检查与验收》(GB/T 24356—2009)、《影像控制测量成果质量检验技术规程》(CH/T 1024—2011)等,以及《测绘技术设计规定》(CH/T 1004—2005)、《1:50 000 基础测绘成果质量评定》(CH/T 1017—2008)、《高程控制测量成果质量检验技术规程》(CH/T 1021—2010)、《测绘技术总结编写规定》(CH/T 1001—2005)等。还

有经过测绘工程监理单位审查通过的测绘生产技术设计书,业主与测绘生产单位签订测绘生产合同中明确的质量、技术要求等。

二、质量控制的内容

质量控制应做到"三全"控制:一是全过程质量控制,就是对每一道工序都需要有质量标准,严把质量关,防止不合格的测绘成果流入下道工序。二是全员质量控制,涉及测绘工程的每一个人员都应该具有强烈的质量意识,保证每一道工序的测绘成果质量;三是全项目质量控制,包括测绘生产单位的质量控制、测绘行业监督部门的质量监督检查和测绘工程监理单位代表业主所做的质量控制。其中,测绘生产单位的质量控制是内部的、自身的质量控制;测绘工程监理单位进行的质量控制是外部的、横向的质量控制;测绘行业监督部门根据有关法律法规和技术规范所进行的质量监督检查是强制性的、外部的、纵向的质量控制。测绘工程监理所进行的质量控制的范围由测绘工程业主和测绘工程监理单位在测绘工程监理合同中明确规定。

质量控制是测绘工程监理的主要内容,目的是控制测绘生产单位的质量管理体系、技术管理、内部质量管理、人员技术水平、仪器设备状态和技术设计的落实,实施旁站监理、巡视检查、平行检验,对成果及各项记录质量的审核,控制作业技术和技能、作业人员工作质量及成果完整性等。

(一)审核测绘生产单位的相关资料

检查与本测绘工程有关的技术标准配备情况;技术设计书、生产实施计划、质量管理文件以及相关的各种制度的制定情况。

对测绘生产单位提供的技术设计书及其附件,测绘工程监理从主要技术指标是否符合相应测绘工程生产技术规定和合同要求;对本测绘工程的重点、难点、关键工序说明的是否合理性;生产工艺流程是否先进和可操作;设计书内容是否齐全、格式是否符合要求等方面进行审核,并报业主审批确认后方可实施。

审核测绘生产单位提交的实施进度计划,总进度计划是否符合总工期控制目标的要求,月进度计划是否符合总进度计划的要求,周进度计划是否符合月计划的要求;审核生产单位提交的技术方案、实施方案与实施进度计划的协调性和合理性。

审核生产单位提交的各类成果资料、原始观测数据、仪器检定资料及相关技术文件的完整性、正确性。

(二)审核测绘生产单位的项目组织

检查测绘生产单位的项目负责人、技术负责人、质量负责人以及与测绘工程监理单位的联系人,项目计划协调、技术管理及质量管理部门的设置情况。

(三)审查测绘生产单位是否存在分包单位

若允许分包则核实中标单位申报的分包单位情况是否属实,是否符合分包条件。

(四)审核测绘生产单位进行测绘生产的人员配备和技能情况

对测绘生产单位上岗人员进行审查,检查测绘生产单位的人员组织及资质是否满足要求。从事测绘生产人员、检查人员的数量必须满足测绘生产活动的需要,没有经过培训或经过培训不合格的人员不允许上岗。

（五）审核测绘生产单位投入测绘生产的仪器设备的配置和检验情况

测绘工程监理单位应对测绘生产单位提交的测量仪器的型号、技术指标、精度等级、法定计量部门的标定证明，软、硬件名称和数量进行检查，检查测绘生产单位投入本测绘工程的设备数量及质量是否能满足要求，经检查核实确定后，方可进行正式使用。在作业过程中，测绘工程监理工程师应经常检查和了解所用仪器设备的性能、精度状况，使其处于良好的状态之中。

（六）审查测绘生产单位内部质量检查制度的实施

检查从事测绘生产作业活动的组织者、管理者及操作者等各类人员的岗位职责；作业环境的安全、消防规定；资料保密管理规定；人身安全保障措施等相关制度。监督测绘生产单位"二级检查"制度的正常实施，审查各类检查记录。

（七）监督测绘生产单位的生产管理

在测绘项目实施过程中，由于各种原因测绘生产单位对已批准的技术设计进行调整、补充或变动时，测绘工程监理工程师应当进行审查，并由测绘工程总监理工程师签认。

测绘生产单位采用新技术、新方法时，测绘工程监理应当要求测绘生产单位报送相应的技术方案、成功案例材料和经专家评审确认的证明，经测绘工程监理审核并得到业主同意后予以确认是否采用。

（八）采取质量控制措施

设置和确定测绘项目工序的质量控制点，在测绘项目实施过程中进行旁站监理和巡视监理，检查技术设计的执行情况，对隐蔽工序的过程、工序作业完成后难以检查的重点部位，专业测绘工程监理工程师应安排测绘工程监理人员进行旁站监理。

对测绘项目实施过程中出现的质量缺陷，测绘工程监理工程师应当及时下达"监理工程师通知书"，要求测绘生产单位整改，并核查整改结果。

测绘工程监理人员若发现在测绘项目实施过程中存在质量隐患，可能造成质量事故或已经造成质量事故的，应当及时报告测绘工程总监理工程师，下达"停工通知单"，要求测绘生产单位停工整改。整改完毕并经测绘工程监理人员复查，符合规定要求后，测绘工程总监理工程师及时签署"复工通知单"。测绘工程总监理工程师下达"停工通知单"和"复工通知单"，应事先向业主单位报告。

对各项测绘工程监理检查意见进行跟踪与复查。

（九）成果质量抽查

检查主要工序成果的质量情况。如 GPS 控制网的坐标系统、平差结果精度，高程控制网的高程精度指标，地形图的数学精度、地理精度、整饰质量及属性质量等。

（十）配合测绘成果验收

测绘工程监理对测绘生产单位最终的测绘成果进行检查和测试，并做出质量评价。

在成果验收阶段，测绘生产单位提交全部测绘成果，测绘工程监理配合验收工作开展。并监督验收工作的内容、数量、方法与验收方案的符合性，从而监督成果验收工作的规范性，确保验收工作质量。

■ 任务三　测绘工程监理质量控制的方法和手段

现代测绘是技术密集、服务范围广泛的基础性空间地理信息产业，测绘业务范围是使用精密的技术手段,准确、及时地获取与处理各类自然资源、自然环境,以及各种人类社会基础设施的地理信息,制作成模拟式或数字式的测绘信息产品或直接参与工程建设,满足社会各行业的需求。抓好测绘质量管理工作,就是建立一套适用、可行、有效、经济的测绘质量管理体系,选择合理的质量控制方法是测绘质量管理工作的重点内容。

一、质量控制的方法和手段

测绘工程监理应采用科学的工作方法和有效的控制方法来进行质量控制。科学的工作方法就是用辩证的观点面对测绘过程中遇到的问题,用公平、公正、客观、实事求是的工作态度处理测绘生产中发生的矛盾,抓住主要矛盾和矛盾的主要方面。有效的控制方法是指在测绘生产过程中,测绘工程监理要对测绘工程项目进行事前、事中、事后全过程的动态控制,且以事前、事中控制为主,事后控制为辅相结合的控制方法,强调测绘工程监理工作的预见性、计划性和指导性。

质量控制方法一般包括审核技术文件、现场巡视、签发指令性文件、旁站监理、实地精度检验、平行检验、抽样检测、召开各种协调会议等。但在总结大量的测绘工程监理实践和对质量控制的结果上分析得出:现场巡视、旁站监理、平行检验是测绘工程监理质量控制最常用且最为有效的控制方法,体现了质量控制的相互结合、以事实数据说话的原则,从而达到对测绘成果质量的有效控制。

(一)现场巡视

现场巡视就是在测绘项目实施过程中,测绘工程监理人员在现场进行的定期或不定期的巡视检查活动。

现场巡视是测绘工程监理人员最常用的质量控制方法之一。通过现场巡视,一方面掌握正在作业的测绘工程质量情况,另一方面掌握测绘生产单位的管理体系是否运转正常。现场巡视是通过目视或常用工具,定期或不定期的巡视质量检查,是对于绝大多数的测绘项目(除数据整合、数据入库、系统建设等没有外业的项目)都需要进行的一种监督检查方式。如测量控制点的选埋情况,调绘底图与实地的一致性,属性调查的正确性与现实性等。在现场巡视检查中,如果发现偏差,应及时纠正,并指令测绘生产单位处理。

在执行现场巡视检查后,应按要求填好"巡视监理记录表"。必要时可由测绘工程监理工程师或测绘工程总监理工程师签发"巡视监理备忘录"。

(二)旁站监理

旁站监理就是在测绘项目实施过程中,对重要成果或关键工序,由测绘工程监理人员在一旁守候,进行现场的监督活动。

旁站管理

旁站监理也是现场监理人员经常采用的一种检查形式。由于测绘项目在生产过程中所包含的内容非常丰富,作业区范围一般情况下又相当大,因此测绘工程监理不可能也根本没有必要对每一个生产过程环节都进行旁站监理,而是应该在比较重要的、困难类别较高、容易出现问题的环节进行旁站监督。一般情况下,旁站监理应该是持续时间短的、抽查性质的,有时也可以是随机进行的,而不应该是持续不断的工作。旁站监理的对象可以是作业人员,也可以是管理人员。对于重要工序,坚持全过程旁站,随时发现问题,防止质量失控。测绘工程监理人员要及时地、经常不断地将自己的意图和发现的问题转达给测绘生产单位,督促测绘生产单位采取措施及时解决

问题。

进行旁站监理要做好旁站"监理记录"和"监理日记",并保存旁站监理原始资料。

现场巡视是一种"面"上的活动,它不限于某一部位或过程;而旁站监理则是"点"的活动,它是针对某一部位或工序。

(三)平行检验

平行检验就是测绘工程监理利用一定的检查或检测手段,在测绘生产单位自检合格的基础上,按照一定的比例独立进行检查或检测的活动。

平行检验是测绘工程监理工程师获取数据的重要手段,测绘工程监理人员可以采用与测绘生产单位相同的生产方法,同精度采集数据,也可以采用高于测绘生产单位精度的方法进行采集数据。然后,依据技术规范或测绘工程监理细则等技术规程评判批、部分或工序合格或不合格。如果不合格,发"监理工程师通知单",要求整改。

从测绘成果质量控制的结果来说,无论采用哪种质量控制的方式方法,测绘工程监理人员的素质是最重要的。测绘工程监理人员要能发现问题、解决问题并防患于未然,做到以预防为主。

测绘工程监理人员在生产作业现场,对测绘生产人员操作的规范性、执行专业技术设计书的全面性和彻底性等进行现场监督,同时现场巡视查看测绘生产成果。发现违背技术设计书、违反作业规程及成果出现差、错、漏等现象时,及时提出现场改正要求。当发现具有普遍性的质量问题或操作不规范时,以监督指令的方式要求测绘生产单位现场负责人提出相应对策,以防止同类问题的再次发生。对测绘工程监理中发现的操作问题、管理问题、技术问题、质量问题等均可以通过召开现场例会的方式进行分析、纠正并警示及处理,防止再次发生或在各作业组、作业人员中蔓延。

测绘工程监理时,应根据测绘项目特点设置适当的监理点,特别是关键的监理点。如设计书的编制、资料收集;控制测量的选点、埋石;坐标系统的建立;控制网的平差、计算结果精度;地形图与设计、规范、图式相关技术指标的统一;像片控制测量的布点、角隅点的测量、计算;变形测量基准点、工作基点的布设;管线测量隐蔽点的开挖检查;测绘生产单位的一、二级质量检查等,都属于较为重要的关键监理点或监理点。

测绘工程监理在进行现场巡视和旁站监理时,要做到"五勤",即"腿勤、眼勤、脑勤、嘴勤、手勤"。"腿勤"是测绘工程监理人员要不怕辛苦,加强现场巡视的覆盖面,对于重要工序,坚持全过程旁站,随时发现问题,防止质量失控。"眼勤"是测绘工程监理人员在现场巡视过程中,要注意看,要能看到问题,及时采取处理措施。"脑勤"是测绘工程监理人员在现场看到问题后要动脑筋,认真分析,发挥自己的主观能动性、出主意、想办法,及时纠偏。"嘴勤"是指测绘工程监理人员经常不断地、及时地将自己的意图和发现的问题转达给测绘生产单位,督促测绘生产单位采取措施及时解决问题。"手勤"是测绘工程监理人员要将现场看到的以及自己所做的指令,认真记录下来,以便以书面形式发布。

二、作业规范性检查

测绘成果的质量是在测绘生产过程中逐渐形成的,而不是检验出来的。测绘成果形成的整个过程是由一系列相互联系与制约的作业活动所构成的。保证作业活动过程的效果和质量是最终测绘成果得以保证的基础和前提。因此,测绘工程监理单位必须认真地做好作业规范性的检查。

（一）测绘生产单位自检系统的检查

测绘生产单位是测绘成果质量的直接实施者和责任者。测绘工程监理工程师的质量监督与控制就是使测绘生产单位建立起完善的质量自检体系并能有效运行。

测绘生产单位的自检系统一般表现为以下几点：

（1）参与测绘生产的作业员在作业结束后必须自检。

（2）不同的作业员之间必须把经过自检合格后的产品进行互检，互检要有相应的检查记录。

（3）不同工序之间的材料交接和转换必须有相关人员进行交接检查，做好资料的交接记录。

（4）测绘生产单位要设置专职检查机构和专职检查人员进行专检，检查比例按照《测绘成果质量检查与验收》（GB/T 24356—2009）、《数字测绘成果质量检查与验收》（GB/T 18316—2008）等有关规范执行，并做好检查记录。

（5）各个级别检查出来的问题的处理办法和意见，要有相应的整改记录。

（二）测绘仪器设备的检查

测绘仪器设备是测绘生产的基本工具，仪器设备是否符合要求直接影响测绘成果的质量。因此，测绘工程监理工程师要对作业过程中的仪器设备进行必要的质量控制。检查的主要内容有：投入生产使用的仪器是否与开工前准备使用的仪器一致；从事测绘生产人员是否具备操作仪器或使用其他设备的能力等；测绘作业人员实际操作仪器的方法是否得当，如仪器的使用、数据的判断、数据的处理、记录手簿等。

（三）测绘生产单位实际作业过程的检查

测绘工程监理工程师采用现场巡视、旁站监理等方法，要对测绘生产的各个工序进行过程检查，检查测绘生产单位的作业方法、作业流程、生产工艺以及野外实际问题的处理是否符合规范和设计要求。

（四）测绘工程计划调整的检查

测绘生产过程中，由于各种原因可能会变更工作计划。如果是测绘生产单位提出的变更调整，测绘生产单位就要说明相应变更的原因，做出变更后的生产计划，并将这些相关文件报送给业主或测绘工程总监理工程师，待批准后实施。如果是业主或测绘工程监理工程师要求变更调整，除非测绘合同条款中有明确规定业主可以随时更改计划，否则测绘生产计划变更要征得测绘生产单位同意后方可进行更改，或者要给予测绘生产单位一定的经济补偿后方可变更。允许变更后，业主或测绘工程总监理工程师要给测绘生产单位下达变更通知单并附有相应的时间调整计划。

如果有计划的变更，测绘工程监理单位就要做好相应的检查，监督测绘生产单位是否做好了变更计划的准备，并在新的计划实施过程中做好质量控制。

（五）测绘成果精度指标的检查

对测绘成果常规检核的精度指标有：绝对精度、相对精度、高程精度、属性精度、地理精度、整饰精度、逻辑精度等。例如：地形图的精度指标主要有数学精度和地理精度。其中数学精度在评判地形图的质量中占有的权重较其他指标更高。

测绘生产单位应该把自己检测的结果报送到测绘工程监理工程师处，测绘工程监理工

程师将把测绘成果精度指标的检查列入测绘工程监理规划和质量控制计划中,并把这项经常性的工作任务贯穿于整个测绘生产活动当中。

测绘工程监理工程师的质量检查,是在测绘生产单位自检并确认合格的基础上进行的,是对测绘生产单位生产活动质量的复核与确认,决不能代替测绘生产单位的自检。因此,测绘生产单位专职检查员没有检查或检查不合格的成果不能上报测绘工程监理工程师,不符合规定,测绘工程监理工程师将拒绝检查。

(六)现场会议情况的管理

现场例会是测绘成果形成过程中参加测绘生产各方沟通情况、解决问题、形成共识、做出决定的主要渠道,也是测绘工程监理工程师进行质量控制的重要方法。

测绘工程监理工程师可以根据测绘工程监理人员在测绘工程监理中发现的操作问题、管理问题、技术问题、质量问题等通过召开现场例会的方式进行分析、纠正并警示及处理,防止再次发生或在各作业组、作业人员中蔓延,从而达到质量控制的目的,使测绘生产顺利进行。

测绘工程监理工程师还可以召开专题会议,针对某项具体的问题进行探讨和决议。

测绘生产单位也应多召开会议,自身解决问题,严把质量关。同时,各个作业组之间可以经常加强交流,互相学习彼此的工作方法和心得。

三、工序成果质量检查

测绘工序成果是指测绘生产过程中各个工序生产出来的阶段性成果,该成果可能是测绘最终成果的组成部分,也可能是测绘生产过程中的一个过程产品。

测绘工序质量的检查,就是利用一定的方法和手段,对工序操作及其完成成果的质量进行实际而及时的检查,并将所检查的结果同该工序的质量特性的技术标准进行比较,从而判断是否合格或优良。测绘工序成果质量检查是对阶段性成果及最终成果质量控制的方式,只有作业过程中的中间成果质量都符合要求,才能保证最终测绘成果的质量。

以大比例尺地形图测绘工程监理的质量控制实施为例,讲述一下工序成果质量检查。

(一)测绘生产准备监理

根据大比例尺地形图测绘工程质量目标、合同要求以及国家相关标准,应对测绘生产单位的生产条件(如单位资质条件、项目人员构成、人员资格是否满足要求)进行审核,并检查生产人员岗前培训情况。若允许存在分包方,同时也应对分包方的资质、分包项目人员构成、人员资格、岗前培训等是否满足质量要求进行审核。测绘生产单位经过对测绘项目地点实地踏勘后编写出技术设计书,则测绘工程监理应先对技术设计书是否符合国家行业相关标准,是否达到质量目标要求的深度进行检查;再对技术设计书中采取的方案可行性是否切合实际情况进行检查,如控制网布设的合理性、控制点选点位置、边长的规范性、作业方法、人员设备配置情况、工期组织安排等;还要对测绘生产单位的技术措施是否包含了"PDCA"(计划、执行、检查、纠正)循环内容进行检查,即质量目标、生产流程、生产过程中采取的技术控制措施、检验方法、关键过程的确定,在检查过程中出现不合格进行的纠正措施等;也要对作业指导书、安全生产制度等文件编制的深度、范围能否满足生产过程中的要求进行检查。

对于大比例尺地形图测绘工程中拟投入生产的仪器设备进行检查,如 GPS 接收机、全站仪、水准仪等,检查其检验时间是否有效,仪器等级精度能否达到质量目标和规范的要求;拟投入生产的设备配置是否齐全,能否满足作业要求和进度需要。

对于大比例尺地形图测绘工程所采用的原始资料进行审查分析,包括地形图的实时性、准确性,控制点资料精度符合质量要求的有效性等。

(二)测绘生产过程监理

为达到测绘合同质量目标,要对大比例尺地形图测绘工程实施全过程、全方位质量监理,整个监理过程分为控制阶段、野外数据采集阶段、数据编辑成图阶段。在野外工作现场,还要检查测绘生产单位的安全措施,要做到安全、文明生产。在这些活动中若发现重大质量隐患的存在,就应下达工程暂停令,命令测绘生产单位暂停整改。待整改完毕并符合规定要求后,及时签署复工令,其目的是严防质量缺陷的产生。在测绘工程监理过程中若发现质量问题,以书面形式通知测绘生产单位进行整改,并做好记录,若出现测绘生产单位整改不力或出现严重质量问题应及时报告业主。

1. 控制阶段质量监理

控制测量阶段包括平面控制测量、水准控制测量,测绘工程监理工作应做到以下几点:

(1)检查平面控制网与水准线路的布设、分布是否符合规范要求,控制网边长、水准线路是否超长,GPS点与起始点、水准点联测情况。当受到实际情况影响要对控制网、水准线路布设方案进行调整时,要审查调整后的方案是否影响质量目标要求,并做好相应记录。

(2)埋石点(包括控制点、水准点)是测绘产品组成的一部分(尤其是等级测量控制点的埋设),其埋设质量不能由后续成果的检验进行验证,因此埋石过程中要进行旁站监理。对于埋石地点条件、通视条件、埋石深度、埋石构件组成、埋石材料、大小尺寸、标识编号等做旁站记录。检查控制点选点网图、"点之记"的完整性与准确性。对于有些等级控制点还须检查委托保管书。

2. 野外数据采集阶段监理

作为野外数据采集阶段,测绘工程监理要检查测绘生产单位的行为是否符合规程、规范、技术设计书和质量目标要求,就是控制野外数据采集的准确性、全面性和合理性。

3. 数据编辑成图阶段监理

(1)检查图廓坐标、控制点坐标数据是否准确;各要素的关系表示是否合理,有无地理适应性矛盾,是否能正确反映要素的分布特点和密度特征;双线表示的要素(如双线铁路、公路)是否沿中心编辑;水系、道路等要素编辑是否连续。

(2)检查各要素符号、尺寸是否正确,图形线划是否连续光滑、清晰,粗细是否符合图式,各要素关系是否合理,是否有重叠、压盖现象;注记是否压盖重要地物或点状符号,名称注记是否正确,位置是否合理,指向是否明确,字体、字号、字向是否符合规定。

(3)属性检查,包括要素的属性、层次、颜色、线型是否正确有无遗漏;水系、道路等要素数字化是否连续;公共边的属性值是否正确;各层建立拓扑关系的正确性(点、线、面)。

(4)接边检查,调入相邻的作业图幅作为参考文件,检查接边是否准确、合理。

(5)抽样复查验证测绘生产单位质检记录中问题的纠正情况。

(三)成果验收监理

(1)对测绘生产单位提交的资料的检查,包括首级控制点布网略图、导线布网略图、四等水准布网图等应清晰,点之记、导线、水准资料观测原始记录无遗漏,成果资料提供符合测

绘合同、技术设计书要求,坐标系、高程系表示清楚;电子文档(GPS 数据、电子记录的导线、水准原始资料、电子地图、文本文件)的格式统一,技术总结报告与技术设计书一致性等。所有资料的装订、保存、标识检索符合档案管理要求。

　　(2)对测绘生产过程、最终成果的质量检查的记录进行验证,对遗留问题提出处理意见。

　　(3)根据测绘工程监理过程中所做的质量记录分类、汇总,按照相应的统计方法做质量统计,得出检查结论,写出测绘工程监理报告。

任务四　影响质量控制的因素

　　影响测绘工程质量控制的因素很多,但归纳起来主要有五个方面,即人、仪器设备、方法手段、环境条件和测绘工程监理。测绘工程监理工程师在质量控制时,要对影响质量因素的控制做到事前控制,这是做好质量控制的关键。

一、人的因素

　　人是测绘生产活动的主体,也是测绘工程项目的实施者、管理者、操作者。测绘工程项目的全过程,如设计、施测、数据处理、图件的汇总和报告的编写,都是通过人来完成的。人员的素质,将直接和间接地对测绘工程的质量产生影响。测绘工程中人员按照岗位来分可以分为以下几种:项目负责人、技术负责人、小组组长、小组操作人员、校核员、审查员等。因此,测绘行业实行资质管理和各类专业从业人员持证上岗制度是保证人员素质的重要管理措施。首先,应提高作业人员的质量意识。作业人员应当树立质量第一、为用户服务、用数据说话,以及社会效益、企业效益的观念。其次,应提高人的综合素质。领导层、技术骨干的综合素质高,就有较强的项目规划、目标管理、组织生产、技术指导和质量检查的决策能力,在管理制度完善、技术措施得力的情况下,测绘工程的质量就会高。另外,作业人员必须有精湛的技术技能、一丝不苟的工作作风,在测绘生产中严格执行测绘质量标准和操作规程。通过质量意识的灌输、观念的培养、精神和物质的激励,更重要的是上岗前的技术培训,可以提高人的综合素质。测绘成果质量的好坏是生产出来的,不是检查出来的,所以作业人员的素质和技术能力直接关系到测绘成果的质量。

二、仪器设备的因素

　　测绘仪器设备是测绘生产单位进行测绘生产必不可少的工具,所以测绘仪器设备的类型是否满足相应测绘工程的精度要求,性能是否先进稳定,操作是否方便可靠等,将直接影响测绘成果的质量。例如:进行控制测量时所用的 GPS 或其他精密仪器的性能和指标,将直接影响控制成果的精度;碎部测量时所用的全站仪的性能和指标,将直接影响碎部点的精度;内业数据处理所使用的计算机的配置,直接影响数据处理的速度,为满足测绘生产进度的要求,将涉及测绘生产单位作业人员的投入等。因此,用于测绘生产的测绘仪器必须经过指定仪器鉴定部门进行鉴定,且在鉴定有效期内,以满足测绘工程质量及进度的要求。同时,测绘生产的数据采集大部分工作要在室外进行,仪器受气象、气候条件的影响,必须加强对仪器的维护和保养,保证测绘生产所用的仪器设备始终处于完好的可用状态。

三、方法手段的因素

在测绘项目实施中,技术方案、操作流程、组织措施、检测手段等是否正确合理,都将对测绘成果质量产生重大的影响。如果测绘生产的方法手段考虑不周全,就可能拖延测绘生产进度、影响测绘成果质量、增加测绘项目投资。每个测绘项目都是由若干个工序组成的,每一道工序的成果质量都将影响到最终的成果质量,而每个测绘项目都有其固有的特性,只有根据各测绘项目的特性,制订切实可行的作业方法、采用行之有效的手段,才能得到符合用户要求的测绘成果。因此,在制订和审查测绘项目设计方案的时候,必须结合测绘生产实际,从技术、管理、工艺、组织、操作、经济等方面进行全面分析和综合考虑,力求方案工艺先进、技术可行、经济合理、措施得力、操作方便,有利于保证测绘生产的成果质量。

四、环境条件的因素

测绘生产环境条件是指测区的自然环境条件、项目管理环境条件、生产作业环境条件等。在实际工作中,环境条件因素对测绘成果质量的影响具有复杂而多变的特点,例如温度、湿度、大风、暴雨、酷暑、严寒等都直接影响测绘成果质量。另外,前一工序又是后一工序的环境,前一分项或者部分测绘成果也是后一分项或者部分测绘成果的环境。因此,测绘工程监理应根据测绘项目具体特点和现场环境条件的具体情况,针对影响测绘成果质量的环境条件,采取有效的预防控制措施,提高质量控制水平。

五、测绘工程监理的因素

(一)测绘工程监理规划

测绘工程监理规划能对测绘工程监理机构全面、系统地开展测绘工程监理工作做出组织和安排,是指导测绘工程监理工作的指导性文件。它包括测绘工程监理工作的范围和依据、测绘工程监理工作内容和目标、测绘工程监理工作程序、测绘工程监理机构组织形式和人员配备、测绘工程监理工作方法和措施、测绘工程监理工作制度等。因而,测绘工程监理工程师在编制规划时,应按照测绘工程的特点、要求,有针对性地编制测绘工程监理规划,并使其具有可操作性和指导性。在测绘工程监理规划中应明确测绘工程监理机构的工作目标,建立测绘工程监理工作制度、程序方法和措施,明确测绘工程监理机构在测绘工程监理实施中的具体职责。

(二)测绘工程监理实施细则

测绘工程监理实施细则是在测绘工程监理规划的基础上,结合测绘工程项目的具体专业特点和掌握了测绘工程信息而制定的指导具体测绘工程监理工作实施的文件。因而,测绘工程监理实施细则必须做到详细具体、针对性强、具有可操作性。测绘工程监理工程师在编制测绘工程监理实施细则时,要抓住影响测绘成果质量的主要因素,制订相应的控制措施,根据测绘工程监理检查测绘生产单位作业工序的特点和质量评定要求,确定相应检验方法和检验手段,明确检测手段的时间和方式。测绘工程监理实施细则编制完成后,测绘工程监理工程师应明确告知测绘生产单位监理检查的具体内容、时间和方式。测绘工程监理工程师应在约定时间内对测绘工程监理检查的内容按测绘工程监理实施细则规定的方法和手段实施监理。

■ 项目小结

　　测绘工程属于知识密集、技术密集形的地理信息建设项目。随着社会经济建设的发展，对测绘信息产品的需求也越来越大，要求也越来越高。

　　质量控制作为测绘工程监理工作的三大控制之一，测绘工程监理工程师应坚持贯彻全面质量管理、以预防为主，坚持质量标准以及公正、科学和加强自身建设的测绘工程监理工作基本准则，严格认真履行测绘工程监理工程师职责，以保证测绘工程的质量。质量控制应以事前控制(预防)为主，必须按规范、技术设计的要求对测绘生产施测过程进行检查，及时纠正违规操作，消除质量隐患，跟踪质量问题，验证纠正效果，把好测绘成果的质量关。

　　测绘工程在测绘生产的初期、中期、后期均有自己的一套完整的、其他专业无法比拟和替代的全面质量控制的工作方法。在质量控制中，测绘工程监理人员应以测绘成果质量控制为立足点，拓宽自身知识面，运用现代先进的测绘理论和技术，做好全面质量控制监理工作。

　　总结测绘工程监理实践，做好质量控制，测绘工程监理单位要从做好现场组织管理入手，选派胜任的测绘工程总监理工程师，组建合理优化的测绘工程监理组织机构。在充分分析影响质量因素的前提下，制订符合项目实际的质量控制方法和措施，独立自主地开展测绘工程监理工作，这样才能充分发挥测绘工程监理专业技术优势，为业主和测绘生产单位提供优质的技术服务，从而达到质量控制的目的。

■ 思考题

1. 测绘工程监理质量控制的作用主要体现在哪几个方面?
2. 测绘工程监理质量控制的依据是什么?
3. 测绘工程监理质量控制的内容有哪些?
4. 测绘工程监理质量控制的主要方法有哪些?
5. 影响质量控制的因素是什么?

项目六　测绘工程监理的进度控制

测绘工程监理
的进度控制

　　测绘工程监理的进度控制就是为了保证测绘工程项目实现预期的工期目标,对测绘工程项目寿命周期全过程的各项工作时间、计划进行检查、监督、调整等一系列工作。

　　将测绘工程项目各阶段的工作内容、工作程序、持续时间和衔接关系根据测绘项目的工期编制进度计划,并将该计划付诸实施,在实施过程中经常检查实际进度是否按计划要求进行,如有偏差,则分析产生偏差的原因,采取补救措施或调整、修改原计划,再付诸实施,如此循环,直到测绘工程完成,成果通过检查验收,提交使用。

　　测绘工程项目的成果能否在预定的时间内交付使用,直接关系到投资效益的发挥,测绘工程监理工程师受业主委托审核测绘生产单位的进度计划,在测绘工程项目实施阶段对测绘生产单位的生产过程进行有效控制,保证测绘生产能按进度计划正常进行。测绘工程监理进度控制的最终目的是确保测绘项目进度目标的实现,使得最终的测绘成果能在预定的工期内交付使用,满足业主委托的要求,创造测绘项目最大的经济效益与社会效益。

任务一　测绘工程监理进度控制的内容

　　测绘工程监理进度控制包括定期检查测绘生产单位在各工序投入的作业人员、仪器设备情况,以保证有足够的生产能力;督促测绘生产单位制订详细的工作计划,审核分析计划能否保证总体计划目标的实现;跟踪测绘项目实施,掌握测绘生产单位的生产进度情况。测绘工程监理进行测绘工程项目进度控制的内容根据测绘合同的工期目标而确定,其主要内容如下:

　　(1)督促测绘生产单位在测绘项目开工前提交测绘项目进度规划和总进度计划。

　　(2)审批测绘生产单位报送的测绘生产总进度计划及各工序作业进度计划。分析测绘生产总进度计划与各工序计划的合理性及目标实现的可靠性,必要时提出修改意见。

　　(3)测绘工程总监理工程师签发开工通知书。

　　(4)在测绘项目实施过程中,测绘工程监理工程师通过履行监理职责,对进度计划的实施情况进行监督、检查、控制、协调、分析。当实际进度符合计划进度时,应要求测绘生产单位编制下一期进度计划;当实际进度滞后于计划进度时,测绘工程监理工程师应书面通知测绘生产单位采取纠偏措施并监督实施。

　　(5)测绘生产单位定期提交一次测绘生产进度和人员、仪器设备投入情况报告,测绘工程监理人员应进行核实,发现投入的人员、设备不能按时完成项目计划时,要求测绘工程生产单位及时调整,保证项目工作计划的落实。

　　(6)召开监理例会,及时解决测绘生产作业过程中出现的各种问题,保证项目顺利开展。

(7)督促测绘项目生产单位做好各工序之间的衔接,并及时提供相关资料。

(8)通过审批测绘生产单位的进度付款,对测绘生产单位的进度实行动态控制。

(9)妥善处理违约延期和进度索赔。

任务二　测绘工程进度的比较

测绘工程进度的比较就是将实际进度与计划进度进行比较,这是测绘工程监理进度控制中的主要过程,通过进度比较,能了解测绘工程进展情况,如果发生偏差,可以及时采取措施纠偏。

一、横道图比较法

横道图是利用横向线条和时间坐标来表示各项工作的起止时间和先后顺序,整个计划是由一系列的横道组成的。横轴表示时间,纵轴表示项目,线条表示期间计划和实际完成情况,又称甘特图。

用横道图编制测绘生产作业进度计划,指导作业的实施是常用的、很熟悉的方法,它简明、形象、直观、编制方法简单、使用方便。横道图进度比较法,是把在测绘项目实施过程中检查收集到的实际进度信息,经整理后直接用横道线并列标于原计划的横道线下方,进行直观比较的方法。

(一)匀速进展横道图比较法

匀速进展是指测绘生产项目中,每项工作的作业进展速度都是匀速的,即在单位时间内完成的任务量都是相等的,累计完成的任务量与时间成直线变化。

匀速进展横道图比较法的步骤如下:

(1)编制横道图进度计划。

(2)在进度计划上标出检查日期。

(3)将检查收集的实际进度数据,按比例用涂黑的粗线标于计划进度线的下方,如图6-1所示。

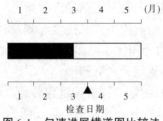

图6-1　匀速进展横道图比较法

(4)比较分析实际进度与计划进度。

①涂黑的粗线右端与检查日期相重合,表明实际进度与施工计划进度相一致。

②涂黑的粗线右端在检查日期左侧,表明实际进度拖后。

③涂黑的粗线右端在检查日期的右侧,表明实际进度超前。

例如:榆林镇地籍测量工程的实际进度与计划进度比较,如图6-2所示。

横道图的左边按照地籍测量各项工作的先后顺序列出工作的名称;图的右边是作业进

度,图表上面的横栏表示的是时间,用水平线段在时间坐标下画出该工作的进度线,水平线段的起始位置反映出它从开始到完工的具体时间,水平线段的长度代表工作的持续时间。

序号	工序名称	持续时间（天）	进　度　（天）								
			10	20	30	40	50	60	70	80	90
1	准备工作	7									
2	地籍调查	60									
3	控制测量	27									
4	界址测量	45									
5	属性数据录入及图形编辑	50									
6	资料整理	10									

计划进度
实际进度　　　　　↑检查日期

图 6-2　榆林镇地籍测量项目实际进度与计划进度比较

从图 6-2 中可以看出,在第 40 天末进行作业进度检查时,准备工作、控制测量工作已经完成;地籍调查工作按计划进度应当完成约 55%,而实际进度没有达到,拖后了 2 天;界址测量工作按计划应该完成约 33.3% 的任务,实际已完成约 42.2%,比计划提前了 4 天。

通过上述记录与比较,为进度控制提供了实际进度与计划进度之间的偏差,为采取调整措施提供了明确的任务。匀速进展横道图比较法在测绘项目进度控制中是经常使用的一种最简单、最直观的方法。

匀速进展横道图比较法仅适用于工作从开始到完成的整个过程中各项工作都是按均匀的速度进行的工作,即每项工作在单位时间里完成的任务量都是各自相等的,累计完成的任务量与时间成正比。若工作的进展速度是变化的,则这种方法不能进行工作的实际进度与计划进度之间的比较。

(二)非匀速进展横道图比较法

当工作在不同的单位时间里的进展速度不同时,累计完成的任务量与时间的关系不是成直线变化的,可以采用非匀速进展横道图比较法。该方法在表示工作实际进度的涂黑粗线同时,并标出其对应时刻完成任务的累计百分比,将该百分比与其同时刻计划完成任务的累计百分比相比较,判断工作的实际进度与计划进度之间的关系。

非匀速进展横道图比较法的步骤如下:

(1)编制横道图进度计划。

(2)在横道线上方标出各主要时间工作的计划完成任务累计百分比。

(3)在横道线下方标出相应日期工作的实际完成任务累计百分比。

(4)用涂黑粗线标出实际进度线,由开工日标起,同时反映出作业过程中时间的连续与间断情况,如图 6-3 所示。

(5)对照横道线上方计划完成任务累计量与同时刻的下方实际完成任务累计量,比较出实际进度与计划进度的偏差,可能有三种情况:

①同一时刻上下两个累计百分比相等,表明实际进度与计划进度一致。

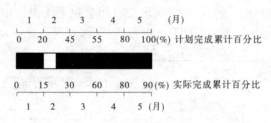

图 6-3　非匀速进展横道图比较法

②同一时刻上面的累计百分比大于下面的累计百分比,表明该时刻实际进度拖后,拖后的量为二者之差。

③同一时刻上面的累计百分比小于下面的累计百分比,表明该时刻实际进度超前,超前的量为二者之差。

非匀速进展横道图比较法适合于作业速度是变化情况下的进度比较,除可以找出检查日期进度比较情况外,同时还能提供某一指定时间二者比较情况的信息。当然要求测绘生产部门按规定的时间记录当时的完成情况。

由于测绘作业的速度是变化的,因此横道图中进度横线,不管计划的还是实际的,都只表示工作的开始时间、持续天数和完成的时间,并不表示计划完成量和实际完成量,这两个量分别通过标注在横道线上方及下方的累计百分比数量表示。实际进度的涂黑粗线是从实际工程的开始日期划起的,若测绘生产实际作业间断,亦可在图中将涂黑粗线作相应的空白。

二、S 形曲线比较法

S 形曲线是以横坐标表示进度时间,纵坐标表示累计完成任务量,绘制出的一条按计划时间累计完成任务量的 S 形曲线,将测绘生产项目的各检查时间实际完成任务量的 S 形曲线也绘制在同一坐标系中,进行实际进度与计划进度相比较的一种方法。从整个测绘生产项目的作业全过程而言,一般是开始阶段和结尾阶段,单位时间投入的资源量较少,中间阶段单位投入的资源量较多,与其相关,从整个使用时间范围来看,通常是中间多而两头少,即资源的消耗前期较少,随着时间的增加而逐渐增多,在某一时期达到高峰后又逐渐减少直至测绘工程完成。由于这一原因,随时间进展累计完成的任务量便形成一条形如"S"的曲线,如图 6-4 所示。

S 形曲线的绘制步骤如下:

(1)确定测绘工程进展速度曲线。根据每单位时间内完成的任务量,计算出单位时间的计划量值(q_t)。

(2)计算规定时间累计完成的任务量。其计算方法是将各单位时间完成的任务量累加求和,可以按式(6-1)计算:

$$Q_j = \sum_{t=1}^{j} q_t \tag{6-1}$$

式中　Q_j——j 时刻的计划累计完成任务量;

　　　q_t——t 单位时间计划完成任务量。

(3)绘制 S 形曲线。按各规定的时间及其对应的累计完成任务量 Q_j,绘制 S 形曲线。

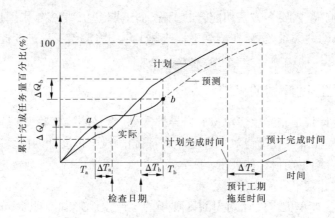

图 6-4　S 形曲线比较图

在测绘项目生产过程中,按规定时间将检查的实际完成情况,绘制在与计划 S 形曲线同一张图(见图 6-4)上,可得出实际进度 S 形曲线。在图上直观地进行测绘生产项目实际进度与计划进度相比较,比较两条 S 形曲线可以得到如下信息:

(1)测绘工程项目实际进度与计划进度比较,当实际工程进度点落在计划 S 形曲线左侧时,则表示此时实际进度比计划进度超前;若落在其右侧,则表示拖后;若刚好落在其上,则表示二者一致。

(2)测绘工程项目实际进度比计划进度超前或拖后的时间,ΔT_a 表示 T_a 时刻实际进度超前的时间;ΔT_b 表示在 T_b 时刻实际进度拖后的时间。

(3)测绘工程项目实际进度比计划进度超额或拖欠的任务量如图 6-4 所示,ΔQ_a 表示在 T_a 时刻超额完成的任务量;ΔQ_b 表示在 T_b 时刻拖欠的任务量。

(4)预测工程进度,后期工程按原计划速度进行,则工期拖延预测值为 ΔT_c。

三、列表比较法

列表比较法是记录检查时正在进行的工作名称和已进行的天数,然后列表计算有关参数,根据原有总时差和尚有总时差判断实际进度与计划进度的比较方法。

列表比较法的步骤如下:

(1)计算检查时正在进行的某项工作尚需作业的时间。

(2)计算检查时应该进行的工作从检查日期到原计划最迟完成时尚余时间。

(3)计算工作尚有总时差。

(4)填表分析工作实际进度与计划进度的偏差。可能有以下几种情况:

①若工作尚有总时差与原有总时差相等,则说明该工作的实际进度与计划进度一致。

②若工作尚有总时差小于原有总时差,但仍为正值,则说明该工作的实际进度比计划进度拖后,产生偏差值为二者之差,但不影响总工期。

③若工作尚有总时差为负值,则说明对总工期有影响,应当调整。

任务三　测绘工程监理进度控制的方法

测绘工程进度控制是测绘工程监理工作的一个重点,由于测绘项目是环节多、工艺复

杂、受客观因素影响大、需要多方密切配合的工程,而工期、进度是多年来困挠测绘项目生产方、监理方、投资方的一大难题,要在测绘工程监理工作中将测绘工程进度控制好,就必须合理规划、有效控制和广泛协调。

一、测绘工程进度计划的审查

测绘工程进度计划是测绘生产单位的指导性文件,也是测绘工程监理实施进度控制的依据,因此测绘工程监理工程师应对总进度计划、不同阶段的进度计划认真逐项地进行严格审查,以完成测绘合同工期目标的要求。

测绘工程进度计划审查的主要内容如下:

(1)审查测绘生产单位进度计划中测区现场的生产组织形式及职责分工,分析是否有足够的力量进行完善的生产组织管理和技术质量管理;检查测绘生产单位测区现场的人员组织及资质是否满足要求。

(2)审查测绘生产单位进度计划中投入本测绘项目的仪器设备数量及质量是否能满足要求。

(3)审查测绘生产单位提交的进度计划中总进度目标和所分解的分目标的内在联系是否合理,能否满足测绘合同工期的要求。

(4)审查测绘工程项目进度计划内容是否全面,有无项目内容漏项或重复的情况。

(5)审查测绘工程项目生产程序和作业顺序安排得是否正确合理,有无脱节。

(6)审查测绘工程项目进度计划是否能保证测绘成果质量和安全的需要。

(7)审查测绘工程项目进度计划的重点和难点是否突出;对客观因素的影响是否有防范对策和应急预案。

测绘工程进度计划审查的要求如下:

(1)测绘工程总进度计划,应经测绘生产单位技术主管部门审核批准,并签认盖章,然后按规定程序填写表格报测绘工程监理及业主批准。

(2)实施月计划由测绘生产单位测区现场负责人组织制订,并按规定程序填报测绘工程监理及业主批准。

(3)实施周计划由测绘生产单位项目经理组织制订并签署,根据情况可在每周例会之前送测绘工程监理及业主单位备案。

二、测绘工程监理进度控制的措施

测绘工程监理进度控制采取的主要措施有组织措施、技术措施、合同措施、经济措施。

(一)组织措施

组织措施主要是分析由于组织的原因而影响测绘工程项目目标实现的问题,并采取相应的措施。

(1)建立健全进度控制的组织系统,落实进度控制的组织机构,明确各层次进度控制人员及具体工作任务和责任。

(2)按照测绘工程项目的组成、进展情况和测绘合同结构等进行项目分解,确定进度目标,建立进度控制目标体系。

(3)建立进度计划审核制度和进度计划实施中的检查分析制度。

（4）确定进度控制工作制度，经常对进度执行情况进行检查分析，促使进度检查和调整工作始终处于动态监管之中。

（5）明确工程变更管理制度。

（二）技术措施

技术措施主要是分析由于技术的因素而影响测绘工程项目目标实现的问题，并采取相应的措施。

（1）选用对实现进度目标有利的设计技术和生产技术。

（2）审查测绘生产单位提交的进度计划，并控制其在合理的状态下实施。

（3）不同的设计理念、设计技术路线、设计方案会对工程进度产生不同的影响，应对设计技术与工程进度的关系做分析比较。在工程进度受阻时，应分析是否存在设计技术的影响因素，为实现进度目标有无设计变更的可能性。

（4）作业方案对工程进度有直接的影响，不仅要分析技术的先进性和经济合理性，还应考虑其对进度的影响。在工程进度受阻时，应分析是否存在作业技术的影响因素，为实现进度目标有无改变作业技术、操作方法和测量仪器的可能性。

（5）采用先进的科学技术和管理方法，对测绘工程进度实施动态控制，提高生产效率，缩短工期。

（三）合同措施

合同措施是测绘工程监理工程师利用测绘合同规定的权力，督促测绘生产单位全面履行测绘合同，促使测绘生产单位加快工程进度，完成预定的工期目标。

（1）加强测绘合同管理，协调合同工期与进度计划之间的关系，保证进度目标的实现。

（2）严格控制测绘合同变更，对各方提出的工程变更，测绘工程监理工程师应严格审查后再补入测绘合同文件之中。

（3）加强风险管理，在测绘合同中应充分考虑风险因素对进度的影响，以及相应的处理方法。

（4）加强索赔管理，公正及时地处理索赔。

（四）经济措施

经济措施是指实现进度计划的资金保证措施。分析由于经济的因素而影响测绘项目进度目标实现的问题，并采取相应的措施，加快落实作业进度所需的资金。

（1）及时办理工程预付款及工程进度款支付手续。

（2）对应急赶工给予优厚的赶工费用。

（3）在保证测绘成果质量的前提下，对工期提前给予奖励。

（4）对工期延误收取误期损失赔偿金。

（5）加强索赔管理。

三、测绘工程进度的动态检查

在测绘工程进度计划的实施过程中，由于各种因素的影响，常会偏离原始计划。因此，测绘工程监理必须对测绘工程进度计划的执行情况进行动态检查，并分析进度偏差产生的原因，以便为测绘工程监理的进度控制或者测绘工程进度计划的调整提供必要的信息。

(一)定期地、经常地收集有关进度报表资料

测绘工程进度报表资料不仅是测绘工程监理实施进度控制的依据,同时也是其核对测绘工程进度款的依据。一般情况下,进度报表格式由测绘工程监理单位提供给测绘生产单位,测绘生产单位按时填写完后提交给测绘工程监理工程师核查。报表的内容一般应包括工作的开始时间、完成时间、持续时间、逻辑关系、计划工程量和已完工程量,以及工作时差的利用情况等。测绘生产单位若能准确地填报进度报表,测绘工程监理工程师就能从中了解到测绘工程的实际进展情况。

(二)跟踪检查生产实际进度

跟踪检查生产实际进度是测绘项目进度控制的关键措施。其目的是收集实际进度的有关数据。跟踪检查的时间和收集数据的质量,直接影响进度控制工作的质量和效果。

一般检查的时间间隔与测绘项目的类型、规模、生产条件和对进度执行要求程度有关。通常可以确定每月、半月、旬或周进行一次。若在测绘生产中遇到天气、资源供应等不利因素的严重影响,检查的时间间隔可临时缩短,次数应频繁,甚至可以每日进行检查,或派测绘工程监理人员驻现场监督。检查和收集资料的方式一般采用进度报表方式或定期召开进度工作汇报会。为了保证汇报资料的准确,测绘工程监理人员要经常到现场察看测绘项目的实际进度情况,从而保证经常地、定期地准确掌握测绘项目的实际进度。

(三)整理统计检查数据

收集到的测绘项目实际进度数据,要进行必要的整理、统计,形成与计划进度具有可比性的数据。

(四)对比实际进度与计划进度

将收集的资料整理和统计成具有与计划进度可比性的数据后,将测绘项目实际进度与计划进度的比较方法进行比较。通过比较得出实际进度与计划进度相一致、超前、拖后三种情况。

(五)测绘项目进度检查结果的处理

测绘项目进度检查的结果,按照检查报告制度的规定,形成进度控制报告向有关主管人员和部门汇报。

除上述方式外,由测绘工程监理工程师定期组织现场测绘生产负责人召开现场会议,也是获得测绘工程实际进展情况的一种方式,通过这种面对面的交谈,测绘工程监理工程师可以从中了解到生产过程中的潜在问题,以便及时采取相应的措施加以预防。

四、测绘工程监理进度控制的方法

(一)口头通知

口头通知与测绘工程监理的现场巡视相对应,特别适用于测绘工程监理在进行现场巡视时的一般提示和预见性进度控制。

(二)书面通知

按照测绘工程监理规范的规定,当发现实际进度滞后于计划进度时,应当签发测绘工程监理工程师通知单指令,测绘生产单位采取调整措施。这里的监理通知便是进度控制的书面文件。

(三) 现场专题会议

当测绘工程监理的书面通知没有引起测绘生产单位的重视时,测绘工程监理应组织进度控制的专题会议。会议之前测绘工程监理应当收集相关的进度控制资料,比如,测绘生产单位的人员投入情况、仪器设备投入情况、现场操作方法、作业环境和和成果检查情况等,为专题会议做好充分的准备。现场专题会议由测绘工程总监理工程师主持,测绘生产单位的现场项目经理、副经理、业主代表、测绘工程监理工程师参加。会议要有记录,会后要编制会议纪要。

(四) 上层高级会议

当口头通知、书面通知、现场专题会议都没有使测绘生产单位的进度见其效,就应该组织召开上层高级会议进行测绘工程的进度控制。

(五) 变更组织机构

变更组织机构就是对测绘生产单位的项目经理进行调整。

测绘工程监理应该与业主取得沟通,得到业主的一致认可,对于拒不执行测绘工程监理指令,对业主及测绘工程监理的工作置之不理,甚至对业主、测绘工程监理进行无理取闹的测绘工程项目经理,测绘工程监理有权建议更换。可以采用信函、传真或电子邮件的书面形式,还可以和业主一起直接到其测绘生产单位进行协调。

采用变更组织机构这一方法时一定要慎重、稳妥,因为一个项目经理的撤换有可能会对测绘工程造成一定的影响。但是为了测绘项目总体进度的控制,也必须采用此方法。因为进度对业主和测绘生产单位的经济都有很大的影响,进度的有效控制是双方共同的意愿。

(六) 经济支付

经济支付的进度控制方法是通过测绘合同得以实现的。进度控制体现在多方面,其中合同措施也是一个比较关键的措施。测绘工程监理应该认真分析测绘合同内容,特别是在支付手段上,对进度达不到计划规定要求比率的,将按测绘合同规定减付工程款,以给测绘生产单位一定的压力来促进进度达到计划要求。

在进度控制过程中,从对进度有利的前提出发,测绘工程监理也可以促使业主和测绘生产单位双方对测绘合同的约定进行合理的变更,但在没有达成一致之前测绘工程监理仍将执行原来的测绘合同。

(七) 计划调整

通过检查分析,如果进度偏差比较小,应在分析其产生原因的基础上采取有效措施,解决矛盾,排除障碍,继续执行原进度计划。如果经过努力,确实不能按原计划实现,应考虑对原计划进行必要的调整。即适当延长工期,或改变生产速度。但计划的调整一定要慎重。

测绘工程监理在进行进度控制时要针对不同情况,有的放矢、对症下药,采取不同的方法。但是无论采用哪一种方法,进度的控制也不会是独立的控制,对进度的控制仍会涉及多方面的因素,作为测绘工程监理如何综合运用这些因素得到最好的控制效果,全面实现最终的测绘工程监理目标,达到业主满意,才是最好的控制方法。

■ 任务四　影响测绘工程进度的因素

测绘工程的进度,受诸多因素的影响,包括人的因素、技术的因素、仪器设备的因素、资

金的因素、作业条件的因素、物质供应的因素、社会政治的因素、自然环境的因素、后勤保障的因素，以及其他潜在的、难以预料的因素等。

　　测绘工程监理需要事先对影响进度的各种因素进行调查，预测它们对进度可能产生的影响，并在编制进度计划时予以充分反映，使测绘项目按计划进行。然而计划毕竟是主观的，在执行过程中，必然会遇到各种客观情况，使计划难以执行。这就要求测绘工程监理人员在测绘生产单位执行计划的过程中，掌握动态控制原理，不断进行检查，将工作的实际执行情况与计划安排进行对比，判断是否偏离，并找出偏离计划的原因，特别是找出主要原因，然后采取相应的措施，使测绘工程能按期完成。

任务五　测绘工程进度计划的调整

　　通过检查分析，如果发现原有进度计划已不能适应测绘工程实际进度情况，为了确保进度控制目标的实现，就必须对原有进度计划进行调整，以形成新的进度计划，作为进度控制的新依据。

一、改变某些工作间的逻辑关系

　　如果测绘工程监理检查的实际进度产生的偏差影响了总工期，在工作之间的逻辑关系允许改变的条件下，改变关键线路和超过计划工期的非关键线路上的有关工作之间的逻辑关系，达到缩短工期的目的。用这种方法调整的效果是很显著的，例如可以把依次进行的有关工作改变平行作业或互相搭接作业等，都可以达到缩短工期的目的。组织搭接作业或平行作业来缩短工期的特点是不改变工作的持续时间，而只改变工作的开始时间和完成时间。

二、缩短某些工作的持续时间

　　这种方法是指不改变工作之间的逻辑关系，而是缩短某些工作的持续时间，加快生产进度，并保证实现测绘合同工期的方法。这些被缩短持续时间的工作是位于由于实际生产进度的拖延而引起总工期延长的关键线路和某些非关键线路上的工作。同时，这些工作又是可以缩短持续时间的工作。

　　在缩短某些工作的持续时间时，一般采取下列措施：

　　(1)组织措施。增加工作面，组织更多的作业队伍；增加每天的作业时间；增加劳动力和仪器设备的数量等。

　　(2)技术措施。改进生产工艺和生产技术，缩短工艺技术间歇时间；采用更先进的作业方法；采用更先进的仪器设备等。

　　(3)经济措施。实行包干奖励；提高奖金数额；对所采取的技术措施给予相应的经济补偿等。

　　(4)其他配套措施。改善外部配合条件，改善劳动条件，实施强有力的调度等。

　　不管采取哪种措施，都会增加费用。因此，在调整进度计划时，应尽量选择费用增加量最小的关键工作作为调整对象。

■ 任务六　进度违约责任与工期拖延的处理

一、进度违约责任

违约责任是指合同当事人不履行合同义务或者履行合同义务不符合约定时,依法产生的法律责任。它既不是行政责任,也不是刑事责任,而是一种民事责任,是违约方向守约方承担的财产责任。测绘工程进度违约责任是指测绘项目主体的业主和测绘生产单位,不履行测绘合同中规定的进度义务或者履行测绘合同中的义务不符合进度约定时,依法产生的法律责任。

(一) 业主造成的进度违约

如业主变更技术路线、调整生产作业顺序、合同中约定的保障没有落实或者落实不完全等造成的进度违约,违约责任应由业主承担。

(二) 测绘生产单位造成的进度违约

如测绘生产单位现场组织不力、管理不善、执行技术方案失误、人员仪器设备不符合测绘项目生产要求等造成的进度违约,违约责任应由测绘生产单位承担。

(三) 测绘工程监理单位造成的进度违约

如测绘工程监理在工作过程中技术指导失误、监理协调不利等造成的进度违约,应按照测绘工程监理合同中的约定,由测绘工程监理单位承担。

(四) 由于不可预见、不可抗力等因素造成的违约

如果测绘合同中对该项内容结合测区的特点做出了明确规定,而由此产生的进度违约,测绘合同双方都应该接受现实,按测绘合同的约定承担责任。如果测绘合同中没有做出明确规定,测绘工程监理应当协同测绘合同双方共同协商解决落实责任主体,如果不能解决,必要时需请司法机构介入。

二、工期拖延的处理

在测绘工程项目生产的过程中,工程进度常会出现偏差,发生工期拖延。合同工期的拖延分为工程延期和工程延误两种。虽然它们都对工程进度有影响,但性质不同,承担的责任就不同,处理的方法也不同。由测绘生产单位以外的原因造成进度拖延的,为工期延期。工期延期测绘生产单位有权要求延长工期,延长的工期获得了测绘工程监理工程师批准后,可以作为合同工期的一部分,还可以向业主单位提出费用赔偿以弥补由此造成的额外损失。由测绘生产单位自身的原因造成进度拖延的,为工期延误。工期延误测绘生产单位要承担由此造成的一切损失,而且业主单位还有权对测绘生产单位实行违约误期罚款。因此,测绘工程监理工程师应加强对测绘生产过程中工期拖延的控制,维护业主和测绘生产单位的利益。

(一) 工期延期的处理

由于工程延期导致测绘工期的延长,测绘生产单位有权提出延长工期的申请。如果测绘生产单位提出的工程延期要求符合测绘合同文件规定的条件,测绘工程监理应予以受理,根据实际情况,批准工程延期的具体时间。

工程拖延符合下列情况,测绘工程监理可批准为工程延期:

(1)测绘工程业主单位不能按测绘合同条款的约定提供开工条件。

(2)测绘工程监理发出测绘工程变更指令而导致测绘工程量增加。

(3)测绘合同中所涉及的任何可能造成工程延期的原因,例如,延期提交成果、工程暂停、对合格成果剥离检查、不利的外界条件等。

(4)灾害、异常恶劣的气候条件等不可抗力。

(5)测绘工程业主单位不能按约定日期支付测绘工程预付款、进度款,致使测绘工程不能正常进行。

(6)除测绘生产单位自身外的其他任何原因。例如,大面积、长时间的停水或停电。

(二)工期延误的处理

由于工程延误导致工期的延长,则一切损失由测绘生产单位自己承担。测绘生产单位在测绘工程监理工程师的同意下,所采取加快测绘工程进度的任何措施所增加的各种费用,也全部由测绘生产单位承担。

由于测绘生产单位的原因造成工期拖后,而测绘生产单位又不遵从测绘工程监理工程师的指示改变拖延工期的状态,则测绘工程监理工程师常采用下列手段进行制约。

1. 停止付款

测绘工程委托监理合同赋予测绘工程监理工程师在支付方面有充分的权力,当测绘生产单位的生产进度拖后,又不采取积极措施时,测绘工程监理工程师有权采取停止付款的手段,制约测绘生产单位,以促进测绘生产单位自身的管理,改变工期拖后的状态。

2. 误期损失赔偿

误期损失赔偿是指由于测绘生产单位自身的原因而导致工期延误,由测绘生产单位赔偿由此而造成的业主损失。误期损失赔偿是对测绘生产单位的处罚,也是对测绘工程进度的制约。

3. 终止对测绘生产单位的雇用

测绘生产合同规定测绘生产单位如果严重违反测绘合同,包括拖延工期,而又不采取补救措施,业主有权终止对他的雇用。

终止对测绘生产单位的雇用,这是对测绘生产单位违约的严厉制裁。业主一旦终止对测绘生产单位的雇用,测绘生产单位不但被逐出作业现场,而且还要承担由此而造成的业主的损失费用。

项目小结

本项目内容为测绘工程监理的进度控制,是测绘项目生产过程中一项重要而复杂的任务。控制测绘工程项目的进度,不仅能够确保测绘工程项目按预定时间完成,及时发挥业主投资的经济效益,而且能够收到良好的社会效益,进而维护国家良好的经济秩序。测绘工程项目的不同阶段有不同形式的项目进度计划,测绘工程监理工程师应对它们认真地进行逐项审查。为达到进度监控的目的,测绘工程监理人员必须将收集到的资料进行必要的整理、统计和分析,从而形成可比性的数据资料,通过实际进度与计划进度的比较,找出它们之间的偏差,采取相应的措施,进行有效地进度控制,以保证计划工期目标的实现。由于业主、测绘工程监理单位、测绘合同缺陷、工程变更等原因造成的工期延期,测绘生产单位可以通过向业主、测绘工程监理单位申请获得批准而增加工期。工期延误是测绘生产单位组织不力或由于管理不善等原因造成的,一切损失由测绘生产单位承担。

思考题

1. 测绘工程监理进度控制的内容有哪些?

2. 测绘工程监理进度控制的方法有哪些??

3. 实际进度与计划进度的比较方法有哪些?

4. 影响测绘工程进度的因素有哪些?

5. 测绘工程进度控制的措施有哪些?

6. 测绘工程进度控制的方法有哪些?

7. 如何进行测绘生产进度的动态检查?

8. 叙述测绘生产进度计划的调整。

9. 工期延期如何处理?

10. 工期延误的处理方法有哪些?

测绘工程监理
的投资控制

项目七　测绘工程监理的投资控制

　　测绘工程投资控制就是在测绘工程各个阶段,把测绘工程实际投资数额控制在批准的投资限额以内,随时纠正发生的偏差,以保证测绘工程项目投资目标的实现,使测绘工程能取得较好的投资效益和社会效益。

　　测绘工程投资控制是把计划投资额作为测绘工程项目投资控制的目标值,再把测绘工程项目进展过程中的实际支出额与测绘工程项目投资目标进行比较,通过比较发现并找出实际支出额与投资目标值之间的差值,从而采取切实有效的措施加以纠正,以实现投资目标的控制。

　　测绘工程投资控制必须明确测绘工程各阶段的投资控制目标,对测绘生产组织设计或测绘生产方案进行审查,做好技术经济分析工作;在测绘生产过程中,严格按程序进行计量、结算和办理支付,控制工程变更,合理计算索赔费用。

任务一　编制测绘工程资金使用计划

　　测绘工程投资控制的目的是确保测绘工程投资目标的实现。如果没有明确的投资控制目标,就无法进行项目投资实际支出值与目标值的比较,不能进行比较也就不能找出偏差,不知道偏差程度,就会使控制措施缺乏针对性。因此,必须编制测绘工程资金使用计划,合理地确定测绘工程投资控制目标值。

　　根据资金控制目标和要求不同,测绘工程资金使用计划可以按投资成本构成、按项目分解、按时间进度三种类型编写。

一、按投资成本构成编制资金使用计划

　　测绘工程项目总投资可以分解为工程费用、仪器设备购置费用及其他费用等。工程费用按成本构成可以分解为人工费、材料费、仪器设备磨损费、其他直接费用、间接费用等。在按测绘工程项目投资成本构成分解时,可以根据以往的经验来确定各项费用的比例,也可以做一些适当的调整。按投资成本构成来编制资金使用计划的方法比较适合于有大量经验数据的测绘工程项目。

二、按项目分解编制资金使用计划

　　测绘工程项目通常是由若干单项工程构成的,而每个单项工程又由若干个分部分项工程组成。因此,根据测绘项目的组成,首先将总投资分解到各单项工程中,例如某地籍测量工程总投资135万元;权属调查20.0万元;控制测量25.0万元;地籍测量49.2万元;数据建库20.0万元;质量检查10.0万元,再加上招标代理费1.8万元;税费9.0万元。然后分解到分部分项工程,分部分项工程的资金使用计划既包括材料费、人工费、仪器费,还包括测

绘生产单位的间接费、利润等,是分部分项工程的综合单价与工程量的乘积。

三、按时间进度编制资金使用计划

测绘工程项目的投资总是分阶段、分期支出的,资金的使用与测绘生产的时间进度密切相关,合理地编制资金使用计划,还可以减少资金占用和利息支付。

通过对测绘工程项目的分析和作业现场的考察,制订出科学合理的生产进度计划,在此基础上编制按时间进度划分的资金使用计划。根据单位时间内完成的工程量计算出这一时间段内的各单项计划支出,再计算工期内各单项计划支出的累计资金。

■ 任务二　测绘工程监理的动态投资控制

测绘工程监理对测绘工程的投资控制应始贯穿于测绘工程生产的全过程之中,其控制原理如图 7-1 所示。

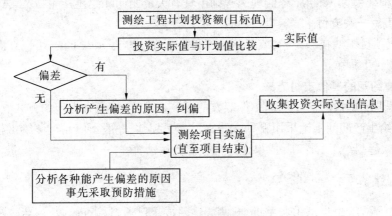

图 7-1　投资控制原理图

测绘工程项目投资控制的关键在于测绘生产以前的决策阶段和设计阶段,测绘工程监理工程师应注意对设计的资金使用计划进行严格审核,以便根据计划使用资金情况与控制投资额进行比较,并提出对资金使用计划是否进行修改的建议。

在测绘工程实施阶段,测绘工程监理投资控制主要是通过审核资金使用计划,不间断地检核测绘生产过程中各种费用的实际支出情况,并与各个分部分项计划投资额进行比较,从而判断测绘工程的实际费用是否偏离了控制的目标值,或有无偏离控制目标值的趋势,以便尽早采取控制纠偏措施。

■ 任务三　测绘工程款的支付

一、预付款

预付款指在测绘工程开工以前测绘工程业主按测绘生产合同规定向测绘生产单位支付的资金。

二、工程进度款

测绘生产单位在要求支付工程进度款之前,要向测绘工程监理工程师提交相应方式的付款申请,其中包括完成的工程量等资料。测绘工程监理工程师收到申请以后,在限定时间内进行审核、计量、签字。

(一)按月支付

按月进行工程款支付,竣工后清算。若测绘合同工期在两个年度以上的,在年终要进行测绘工程盘点,办理年度结算。

(二)分段支付

将整个测绘工程划分不同阶段进行工程款支付。不同阶段的划分要在测绘合同中明确。

(三)计量支付

测绘工程监理工程师按照测绘合同的有关规定对测绘生产单位已完成的测绘工作进行计量,根据计量结果,由测绘工程监理工程师出具有关证明向测绘生产单位支付工程款。

(四)竣工后一次支付

测绘工程项目工期在一年内,或者测绘工程投资在100万元以下的,可以在测绘项目竣工后一次性支付工程款。

(五)双方约定的其他支付方式

测绘工程业主单位和测绘生产单位双方的资金往来,可按双方约定的方式支付。

总之,测绘生产期间不论采用哪种方法支付的工程款,一般不应超过测绘工程总价值的95%,其余尾款待测绘工程竣工、成果通过检查验收后清算。

三、工程结算

当测绘工程竣工报告已由业主批准,测绘项目成果已通过检查验收,就要进行测绘工程结算工作,应支付给测绘生产单位测绘项目的总价款。

四、保留金

保留金就是业主从测绘生产单位应得到的工程进度款中扣留的金额,目的是促使测绘生产单位抓紧工程收尾工作,尽快完成测绘合同任务,做好数据库维护工作。一般测绘合同规定保留金额为应付金额的5%~10%。随着测绘项目的竣工和维护期满,业主应退还相应的保留金,测绘合同宣告终止。

五、浮动价格支付

一般测绘工程项目大多采用固定价格计价,风险由测绘生产单位承担。但是在测绘项目规模较大、精度要求很高、工期较长时,由于物价、工资等的变动,业主为了避免测绘生产单位因冒风险而提高报价,常常采用浮动价格结算工程款的测绘合同,此时在测绘合同中应注明其浮动条件。

■ 任务四　测绘工程变更

一、测绘工程变更处理

测绘工程变更是指在测绘项目实施过程中,由于发生了事先没有预料到的情况,使得测绘工程实施的实际条件与计划条件出现较大差异,为实现测绘项目的目标,而对计划条件的改变或修改。测绘工程变更就是测绘合同的变更,是对测绘合同内容的修改。测绘工程变更实质是测绘合同变更的表现形式。测绘工程变更主要有:作业条件变更、工程内容变更、停工、延长工期或者缩短工期、物价变动、天灾或其他不可抗拒的因素影响等。

测绘工程变更会涉及额外费用损失的承担责任问题,会对测绘项目的生产成本产生很大的影响,如不进行相应的处理,就会影响测绘生产单位在该测绘项目上的经济效益。因此,测绘工程变更处理就是要明确各方的责任和经济负担,掌握发生变更后的相应处理对策,最大限度地减少由于变更带来的损失。

在处理测绘工程变更问题时,测绘工程监理要根据变更的内容和原因,明确承担责任者。如果测绘合同有明确规定,则按测绘合同执行;如果测绘合同未做规定,则应查明原因,根据相应仲裁或法律程序判明责任和损失的承担者。通常由于测绘工程业主单位原因造成的工程变更,损失由测绘工程业主单位负担;由于客观条件影响造成的工程变更,在测绘合同规定的范围内,按测绘合同规定处理,否则由双方协商解决;如属于不可预见费用的支付范畴,则由测绘生产单位解决。

另外,测绘工程监理还要准确统计已造成的损失和预测变更后可能带来的损失。经双方协商同意的工程变更,必须做好记录,并形成书面材料,由双方代表签字后生效。这些材料将成为测绘工程款结算的依据。

二、测绘工程变更权

测绘工程变更权就是对测绘工程变更的审查和处理的权力。在履行测绘合同过程中,经测绘工程业主单位同意,测绘工程监理工程师可以按照约定的变更程序向测绘生产单位做出变更指示。变更指示只能由测绘工程监理工程师发出,变更指示应说明变更的目的、范围、内容、工作量及其进度和技术要求,并附有关的资料和文件。测绘生产单位收到变更指示后,应遵照变更指示执行。没有测绘工程监理工程师的变更指示,测绘生产单位不得擅自变更。

三、测绘工程变更计价

测绘工程变更价款的确定方法,由测绘工程监理工程师签发工程变更令。测绘工程监理工程师作为测绘工程业主单位的委托人必须用测绘合同确定变更价款,控制投资的支出。若变更是测绘生产单位的违约所致,此时引起的费用必须由测绘生产单位承担。若由于业主变更导致的测绘生产单位的支出和损失,由业主承担,拖延的工期相应顺延。

在明确了损失的承担者,已准确统计了造成的损失和预测了工程变更后可能带来的损失的情况下,计算测绘合同价款的变更价格,在双方协商的时间内,测绘工程变更价格由测

绘生产单位提出,报测绘工程监理工程师审批。测绘工程监理工程师在审核测绘生产单位所提出的变更价款是否合理时,应按以下情况处理:

(1)测绘合同中有适用于变更工程的价格,按测绘合同已有的价格计算,变更测绘合同价款。

(2)测绘合同中只有类似于变更情况的价格,可以以此作为基础确定变更价格,变更测绘合同价款。

(3)测绘合同中没有适用或者类似的价格,则由测绘生产单位提出适当的变更价格,这一变更价格,应与测绘工程业主单位达成一致,否则应通过特定的管理部门裁定,变更测绘合同价款。

测绘工程监理工程师批准后,调整合同价款和竣工日期。测绘工程监理工程师做出的批复,将作为测绘工程生产、监理的新依据。

任务五　测绘工程索赔

测绘工程索赔通常是指在测绘合同履行过程中,测绘合同当事人一方因对方不履行或未能正确履行合同或者由于其他非自身因素而受到经济损失或权利损害,通过测绘合同规定的程序向对方提出经济或时间补偿要求的行为。对于测绘生产单位,只要不是自身责任,而由于外界干扰造成工期延长和成本增加,就可以向测绘工程业主单位提出索赔;而测绘工程业主单位同样也可以向测绘生产单位索赔。索赔是一种未经对方确认的单方行为。测绘工程监理工程师就要十分熟悉该测绘工程项目的工程范围、工期以及生产成本的各个组成部分,对测绘工程项目的各项主要开支必须做到心中有数。

一、测绘工程索赔的分类

(一)按索赔的目的分类

(1)工期索赔。工期索赔是测绘生产单位向业主要求延长测绘工程生产的时间,使原定的测绘工程竣工日期顺延一段时间,从而避免违约罚金的发生。

(2)经济索赔。经济索赔就是测绘生产单位向业主要求补偿不应该由测绘生产单位自己承担的经济损失或额外开支,即取得合理的经济补偿。

(二)按索赔的处理方式分类

(1)单项索赔。单项索赔就是采取"一事一索赔"的方式,即在每一件索赔事项发生后,要求单项解决支付,不与其他的索赔事项混在一起。

(2)综合索赔。综合索赔又称总索赔,俗称一揽子索赔。即对整个测绘工程中所发生的数起索赔事项,综合在一起进行索赔。也是总成本索赔,它是对整个测绘工程的实际总成本与原预算成本之差额提出索赔。

(三)按索赔的对象分类

(1)索赔。索赔是指测绘生产单位向业主提出的索赔。

(2)反索赔。反索赔是指业主向测绘生产单位提出的索赔。

二、测绘工程索赔的依据

测绘工程监理在处理索赔问题时的依据主要有下列方面:

（1）国家有关的法律法规和测绘工程项目所在地的地方法规。

（2）国家、部门和地方有关标准及规范。

（3）测绘工程招标文件、测绘合同文本及附件、补充协议等。

（4）双方往来的信件、会谈记录及各种会议纪要。

（5）经认可的测绘生产进度计划书、实际测绘生产进度记录、测绘作业现场的有关文件及各类签认记录、测绘工程照片等。

（6）测绘工程检查验收报告和各种技术鉴定报告。

（7）气象资料及测绘生产作业中停电、停水、交通受阻等记录和证明。

（8）测绘合同履行过程中与索赔事件有关的凭证。

三、测绘工程索赔的条件

(一) 构成测绘工程索赔条件的事件

索赔条件是指那些使实际情况与测绘合同规定不符合，最终引起测绘工期和费用变化的各类事件。通常，测绘生产单位可以索赔的事件如下：

（1）测绘工程业主违反测绘合同给测绘生产单位造成时间和费用的损失。

（2）因工程变更（包括设计的变更、测绘工程业主提出的工程变更、测绘工程监理工程师提出的工程变更，以及测绘生产单位提出并经测绘工程监理工程师批准的变更）造成时间和费用的损失。

（3）测绘工程业主提出提前完成测绘项目或缩短工期而造成测绘生产单位的费用增加。

（4）测绘工程业主延期支付期限造成测绘生产单位的损失。

（5）非测绘生产单位的原因导致测绘工程的暂时停工。

（6）物价上涨、法规变化及其他。

(二) 测绘工程索赔成立的前提条件

（1）与测绘合同对照，造成了测绘生产单位的测绘工程项目成本的额外支出，或直接工期损失。

（2）造成费用增加或工期损失的原因，按测绘合同约定不属于测绘生产单位的行为责任或风险责任。

（3）测绘生产单位按测绘合同规定的程序和时间提交索赔申请，并附有索赔凭证材料。

四、索赔费用

测绘生产单位可索赔的费用内容一般可以包括以下几个方面。

(一) 人工费

人工费包括测绘生产工人基本工资、工资性的津贴、加班费、奖金、法定的福利等费用。对于索赔费用中人工费部分，是指完成测绘合同之外的额外工作所花费的人工费；由于非测绘生产单位责任的工效降低所增加的人工费用；超过法定工作时间加班劳动费用；法定的人工费增长以及非测绘生产单位责任造成的工程拖延导致的人员窝工和工资上涨费等。

(二) 仪器设备使用费

仪器设备使用费的索赔包括：

（1）由于完成额外工作增加的仪器设备使用费。

（2）非测绘生产单位责任工效降低增加的仪器设备使用费。

（3）由于业主或测绘工程监理工程师原因导致仪器设备停工的窝工费。窝工费的计算,如是租赁仪器设备,一般按实际每天租金计算;如是测绘生产单位自有设备,一般按每天折旧费计算。

（三）材料费

材料费的索赔包括:由于索赔事件使材料实际用量超过计划用量而增加的材料费;由于客观原因材料价格大幅度上涨;由于非测绘生产单位责任造成工程拖延导致的材料价格上涨和超期储存费用。

（四）分包费用

如果测绘工程允许进行分包,则分包费用索赔指的是分包的测绘生产单位的索赔费,一般也包括人工费、仪器设备使用费、材料费的索赔。分包测绘生产单位的索赔应如数列入测绘生产单位的索赔款总额以内。

（五）现场管理费

索赔款中的现场管理费是指测绘生产单位完成额外工作、索赔事项工作以及工期延长期间的现场管理费,包括管理人员工资、办公经费、通信费、交通费等。

（六）利息

利息的索赔通常发生于下列情况:拖期付款的利息,由于工程变更和工程拖延增加投资的利息,索赔款的利息,错误扣款的利息等。

利息的具体利率主要有这样几种规定:按当时的银行贷款利率,按当时的银行透支利率,按测绘合同双方协议的利率。

（七）总部管理费

索赔款中的总部管理费主要指的是测绘工程延期期间所增加的管理费。包括职工工资、办公大楼、办公用品、财务管理、通信设施,以及总部领导人员赴测绘作业现场检查指导工作等开支。

（八）利润

测绘生产单位可以列入利润的有:由测绘工程范围的变更、测绘生产条件的变化、文件有缺陷或技术性错误、业主未能提供现场等引起的索赔。但对于测绘工程暂停的索赔,由于利润通常是包括在每项测绘工程生产内容的价格之内的,而延长工期并未影响削减某些项目的实施,也未导致利润减少。所以,一般测绘工程监理工程师不会同意在测绘工程暂停的费用索赔中加进利润损失。

索赔利润的款额计算通常是与原报价单中的利润百分率保持一致的。

五、测绘工程索赔受理程序

测绘工程索赔受理程序如图7-2所示。

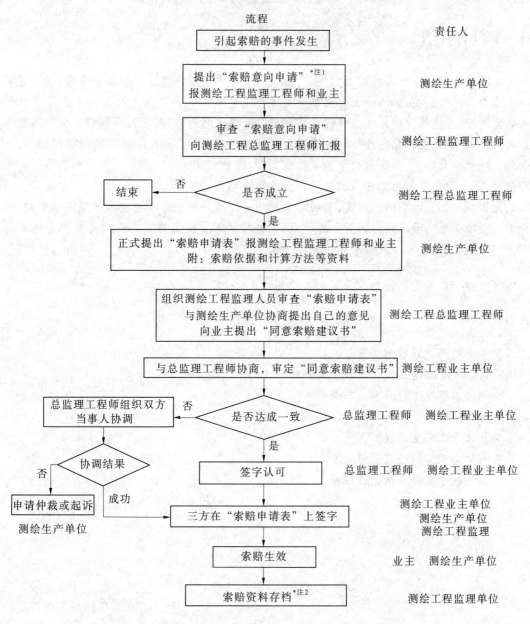

注1：测绘工程监理工程师在收到"索赔意向申请"后，应对索赔事件的过程和细节进行详细的调查，收集有关的信息和资料，对索赔的费用做出合理的估算。

注2：存档索赔资料主要包括：①索赔意向申请；②索赔详细情况的报告及附件；③索赔申请表；④测绘工程监理工程师调查核实的资料、处理意见、报送业主审定的函件；⑤同意索赔建议书；⑥测绘工程监理工程师对索赔的审批意见；⑦业主的审定意见；⑧仲裁机关或人民法院裁决文件及附件等；⑨索赔审批表。

图 7-2　测绘工程索赔受理程序

测绘工程监理应该及时、公平、合理地处理测绘工程业主和测绘生产单位双方的利益纠

纷,减少或避免不必要的索赔,维护测绘工程业主和测绘生产单位的正当权益。

▌ 项目小结

　　本项目内容为测绘工程监理的投资控制,主要工作是编制测绘工程资金使用计划,对测绘工程进行动态监控,将测绘工程项目进展过程中的实际支出额与测绘工程资金使用计划进行比较,通过比较发现并找出实际支出额与计划值之间的差值,从而采取切实有效的措施加以纠正,实现投资目标的控制。如有工程变更的情况,应根据工程变更的内容和原因,明确应由谁承担责任,在明确损失承担者的情况下,准确统计已造成的损失和预测工程变更后可能带来的损失,报测绘工程监理工程师批准后调整合同价款和竣工日期,作为测绘工程结算的依据。根据测绘合同的约定,当测绘合同的一方因另一方原因造成本方经济损失的,可以通过测绘工程监理工程师向对方进行索赔,索赔的审查依据需要按照相关法律法规来进行,索赔受理及处理程序应按照相关规范来执行。

▌ 思考题

　　1.什么是投资控制?

　　2.资金使用计划有哪些类型?

　　3.简述进行测绘工程动态投资控制的原理。

　　4.测绘工程款支付的方式有哪些?

　　5.什么是工程变更? 哪些情况能进行工程变更?

　　6.什么是工程变更权?

　　7.哪些费用可以进行索赔?

　　8.叙述测绘工程索赔受理程序。

项目八　测绘工程监理的合同管理与信息管理

测绘工程监理
的合同管理与
信息管理

■ 任务一　合同与法律

合同履行

在市场经济中,参与测绘生产的各方都要依靠合同确立相互之间的关系。特别是投资高、履行时间长、协调关系多的测绘工程项目,合同尤为重要。

为了保证测绘市场各方行为的规范性和有序性,参与测绘生产的各方根据我国颁布的《中华人民共和国民法通则》《中华人民共和国合同法》《中华人民共和国测绘法》和有关法律法规,经协商后要签订测绘工程合同。

一、合同

合同,又称契约。《中华人民共和国民法通则》第八十五条规定:合同是当事人之间设立、变更、终止民事关系的协议。当事人可以是双方的,也可以是多方的。民事关系指民事法律关系,也就是民法规范所调整的财产关系和人身关系在法律上的表现。

(一)合同的组成

合同由权利主体、权利客体和内容三部分组成。

(1)权利主体,又称民事权利义务主体。指民事法律关系的参与者,也就是在民事法律关系中依法享受权利和承担义务的当事人。从合同角度来看,也就是签订合同的双方或多方当事人,包括自然人、法人和其他组织。

(2)权利客体,是指民事权利主体的权利和义务共同指向的对象,它包括物、行为和精神产品。物是指由民事主体支配、能满足人们需要的物质财富,它是民事法律关系中常见的客体。行为是指人的活动及活动的结果。精神产品也称智力成果。

(3)内容,是指民事权利和义务。

(二)合同的特点

(1)合同是当事人协商一致的协议,是双方或多方的民事法律行为。

(2)合同的主体是自然人、法人和其他组织等民事主体。

(3)合同的内容是有关设立、变更和终止民事权利和义务关系的约定,通过合同条款具体体现出来。

(4)合同须依法成立,只有依法成立的合同对当事人才具有法律约束力。

二、合同的形式

合同的形式就是合同的方式,是当事人意思表示一致的外在表现形式。一般认为,合同的形式可分为书面形式、口头形式和其他形式。

(1)书面形式。当事人以文字有形地表述相互之间通过协商而达成的协议。如合同书、信件和数据电文(包括电报、传真和电子邮件)等,这是合同最常用的形式。

(2)口头形式。当事人以语言表述相互之间达成的协议。它简便易行,在日常生活中经常被采用。但应注意只能是及时履行的协议,才能使用口头形式,否则不宜采用这种形式。

(3)其他形式。当事人的行为或者特定的情形推定成立的协议,如公证、鉴证、审批、登记等形式。

三、合同的内容

根据《中华人民共和国合同法》第十二条规定,合同的内容由当事人约定,这是合同自由的重要体现。《中华人民共和国合同法》规定了合同一般应当包括的条款有以下几个方面。

(一)当事人的名称或者姓名和住所

合同主体包括自然人、法人、其他组织。自然人的姓名是指经户籍登记管理机关核准登记的正式用名。自然人的住所是指自然人长期居住的事实处所,即经常居住地。法人、其他组织的名称是指经登记主管机关核准登记的名称,如公司的名称以企业营业执照上的名称为准。法人和其他组织的住所是指他们的主要营业地或者主要办事机构所在地。

(二)标的

合同标的是合同中当事人双方权利和义务所指向的对象,包括货物、劳务、行为、智力成果、工程项目等,如测绘工程生产合同,其标的是完成测绘工程项目。标的是一切合同的首要条款,没有标的合同是不存在的,标的不明确就会给合同的履行带来严重的影响。

(三)数量

合同数量是合同标的的具体化。数量一般以度量衡作为计算单位,以数字作为衡量标的的尺度,也直接体现了合同双方权利和义务的大小程度。没有数量或数量规定不明确,则当事人双方权利和义务的多少,合同是否完全履行都无法确定。数量必须严格按照国家法定计量单位填写,以免当事人产生不同的理解。如测绘生产合同中的数量主要体现的是测绘工程面积的大小。

(四)质量

合同质量是合同标的内在品质和外观形态的综合指标,是合同当事人履行权利和义务优劣的尺度,必须加以明确。如质量标准、功能技术要求、服务条件等。合同对质量标准的约定应当是准确而具体的,对于技术上较为复杂的和容易引起歧义的词语、标准,应当加以说明和解释。对于强制性标准,当事人必须执行,合同约定的质量不得低于相关强制性标准。

(五)价款或报酬

价款或报酬是合同接受标的的一方当事人以货币形式向交付标的另一方当事人支付的

代价,作为对方完成合同义务的补偿。合同中应明确数额、支付时间及支付方式。如在测绘工程监理合同中体现为测绘监理费,在测绘生产合同中则体现为测绘工程款。

(六)覆行期限、地点和方式

履行期限是合同当事人完成合同所规定的各自义务的时间界限。履行期限是衡量合同是否按时履行的标准。合同当事人必须在规定的时间内履行自己的义务,否则应承担违约或延迟履行的责任。

履行地点是指合同当事人履行义务的地点。履行地点也是确定管辖权的依据之一。包括标的的交付、提取地点;服务、劳务或工程项目生产地点;价款或劳务的结算地点等。

履行方式是指合同当事人完成合同规定义务的具体方法。包括标的的交付方式和价款或酬金的结算方式等。

合同履行的期限、地点和方式是确定合同当事人是否适当履行合同的依据。

(七)违约责任

违约责任是合同任何一方当事人不履行或者不适当履行合同规定的义务而应当承担的法律责任。合同规定违约责任,一方面可以促进当事人按时、按约履行义务;另一方面又可以对当事人的违约行为进行制裁,弥补守约一方因对方违约而遭受的损失。

(八)解决争议的方法

在合同履行的过程中难免发生争议,解决的方法主要有协商、调解、仲裁、诉讼。合同当事人应在合同中约定解决争议的方法。

四、合同的订立

合同的订立,是指当事人双方(或多方)依照法律规定,就合同的主要条款内容进行协商,在取得一致意见的基础上签署书面协议,正式确立相互之间权利和义务关系的过程。

(一)订立合同应遵循的基本原则

(1)平等原则。合同当事人的法律地位是平等的,即享有平等的民事权利和承担民事义务的资格,当事人一方不得将自己的意志强加给另一方。

(2)自愿原则。合同当事人依法享有自愿订立合同的权利,不受任何单位和个人的非法干预。

(3)公平原则。合同当事人应当公平地确定各方的权利和义务。

(4)诚实信用原则。合同当事人在订立合同、行使权利、履行义务时都应讲究信用,恪守诺言,诚实无欺。

(5)遵守法律法规和公德良俗原则。合同当事人在订立和履行合同时,必须严格遵守法律法规,而且应该遵守社会公德和善良风俗,不得扰乱社会经济秩序,损害社会公共利益。

(二)要约与承诺

订立合同一般由一方提出签约建议(为要约)和另一方接受签约建议(为承诺)的两个过程组成。测绘工程合同的订立同样需要要约、承诺。

提出要约的一方为要约人,接受要约的一方为受要约人。要约是希望和他人订立合同的意识表示;承诺是受要约人做出的同意要约的意思表示。

1.要约构成的条件

(1)要约必须是要约人真实意思的表示。

(2)要约的主要条款必须明确、具体、肯定。

(3)要约要受到自己要约内容的约束和约定时间的限制。

(4)要约一定要送达受要约人。

2.承诺生效的条件

(1)必须无条件地全部赞成要约中的各项条款。

(2)必须在要约规定的有效期限内答复要约人。

(三)合同的成立

合同的成立是指合同当事人对合同标的、数量等内容协商一致。如果法律法规以及当事人对合同的形式、程序没有特殊要求,则承诺生效时合同成立。当事人采用书面形式订立合同的,自双方当事人签字或者盖章时合同成立。

合同依法成立,即具有法律约束力,当事人必须全面履行合同规定的义务,任何一方不得擅自变更或解除合同。

五、合同的法律特征

法律关系是一定社会关系在相应的法律规范的调整下形成的权利和义务关系。合同的法律关系是指由合同法律规范所调整的、在民事流转过程中所产生的权利和义务关系。

一切合同,不论其主体是谁,客体是什么,内容如何,都具有以下共同的法律特征:

(1)合同是当事人双方(或数方)的一种民事法律行为;合同规定的权利受到法律的保护,不履行合同规定的义务要受到法律的追究。

(2)合同的法律行为是当事人各方意愿一致的表示。

(3)合同当事人各方的地位是平等的。

(4)合同是一种合法的行为。

任务二　测绘工程委托监理合同

测绘工程委托监理合同是测绘工程业主作为委托人与测绘工程监理单位就委托的测绘工程项目监理内容签订的双方的义务和权利,以及测绘工程监理单位的服务范围、监理费用等的协议,它是测绘工程业主与测绘工程监理单位之间的行为准则。

测绘工程委托监理合同的标的是"服务",是测绘工程监理单位的监理人员利用自身的业务专长、经验、判断力以及创新想象力,为测绘工程业主服务,测绘工程监理的服务是能力的竞争,而不是价格的竞争。

一、测绘工程委托监理合同的特点

(一)服务性

测绘工程监理接受委托人的委托,凭借自身的知识、经验和技能在测绘工程项目实施过程中为其服务。

(二)从合同性

从合同是指必须以他种合同的存在并生效为前提而存在的合同。测绘工程监理是针对测绘工程项目所进行的监督管理活动,测绘工程项目的实施是依据测绘生产合同的。测绘工程监理工作是业主通过测绘工程监理合同委托测绘工程监理单位管理测绘生产合同,测绘生产合同存在,测绘工程监理合同也就存在;测绘生产合同被宣告无效或被撤销,则测绘工程监理合同也将失去效力;如果测绘生产合同终止,则测绘工程监理合同也随之终止。因而,测绘工程监理合同具有从合同的性质。

(三)履行周期长

测绘工程监理合同的监理对象是测绘工程,测绘工程监理合同的履行期限与测绘工程的工期有关。因此,测绘工程项目实施过程有多长时间,测绘工程监理合同履行期就多长时间,而且不包括测绘工程实施过程中的各种变化影响的时间,如果包括工期变化情况,测绘工程实施过程要延长,则测绘工程委托监理合同的履行期也要随之延长。

(四)经济合同和技术合同双重性

经济合同是为实现一定经济目的而订立的合同,技术合同是为确定某种技术服务所订立的合同。测绘工程委托监理合同是业主委托测绘工程监理单位对测绘工程进行管理而订立的,测绘工程监理是有偿的技术服务。因此,测绘工程监理合同具有经济合同和技术合同双重性质。

(五)有授权内容

测绘工程委托监理合同中有明确的授权范围。

二、测绘工程委托监理合同的构成

测绘工程委托监理合同一般由测绘工程委托监理合同、测绘工程委托监理合同标准条件、测绘工程委托监理合同专用条件构成。

(一)测绘工程委托监理合同

测绘工程委托监理合同是一个总的协议,是纲领性的法律文件。主要内容是当事人双方确认的委托监理的测绘项目的概况(如项目名称、地点、工作规模、完成的任务量等);组成本合同的文件;监理人向委托人的承诺;委托人向监理人支付报酬的期限、方式和币种;合同签订、生效、完成时间;双方愿意履行约定的各项义务的承诺等。

测绘工程委托监理合同是一份标准的格式文件,经当事人双方在有限的空格内填写具体规定的内容并签字盖章后,即发生法律效力。

(二)测绘工程委托监理合同标准条件

测绘工程委托监理合同标准条件的内容涵盖了合同中所有词语的定义、适用范围和法规,签约双方的义务、权利和责任,合同生效、变更与终止,监理报酬,争议的解决,以及其他一些情况。它是测绘工程委托监理合同的通用文件,适用于各类测绘项目的监理工作,是所有签约测绘工程都应遵守的基本条件。

(三)测绘工程委托监理合同专用条件

由于测绘工程委托监理合同标准条件适用于测绘行业的各类测绘项目,因此某些条款规定得比较笼统,在签订测绘项目的委托监理合同时,结合地域特点、专业特点和委托项目的自身特点及要求,认为标准条件中的条款还不够全面,允许在专用条件中增加双方议定的条款内容,即对标准条件的某些条款进行补充和修正,使之成为可操作性更强的测绘委托监理合同。

"补充"是指测绘工程委托监理合同标准条件中的某些条款明确规定,在该条款确定的

原则下,在专用条件的条款中进一步明确具体内容,使两个条件中相同序号的条款共同组成一条内容完备的条款。

"修改"是指测绘工程委托监理合同标准条件中规定的程序方面的内容,如果双方认为不合适,可以协议修改。

任务三　测绘工程监理合同管理

测绘工程项目的生产单位和监理单位确定之后,应在规定的时限内和业主单位签订相应的合同,明确当事人双方的权利、义务和责任。合同一经签订生效,既具有法律效力,测绘工程监理人员就要对所签订的合同进行有效的管理。测绘工程监理合同管理是根据法律、政策的要求,运用指导、检查、考核、监督、协调等手段,对在测绘工程项目实施过程中所发生的或者所涉及的一切合同的签订、履行、变更、索赔、争议、终止与评价的管理工作。既是约束合同的各方遵守合同规则,又是避免合同各方不严格执行合同而出现的合同纠纷及违约现象的发生,保证测绘工程项目预期目标的实现。

合同管理作为测绘工程监理工作任务之一,一方面是对测绘生产合同的管理,维护业主和测绘生产单位的合法权益,保证测绘工程的顺利进行,进而完成测绘监理任务;另一方面,是对测绘委托监理合同的管理,维护测绘工程监理单位自身的合法权益,从而提高测绘工程监理单位的信誉和竞争力。

一、测绘工程监理合同管理的内容

测绘工程监理合同管理是一个动态的过程,贯穿于测绘工程合同的订立和履行实施的全过程,其目的是约束参与测绘工程项目的各方,避免产生责任分歧、出现合同纠纷、发生违约现象,以保证测绘工程项目质量、进度、投资三大目标的顺利实现。

测绘工程合同管理的过程包括合同订立前的管理、合同订立中的管理、合同履行中的管理、合同违约管理、合同纠纷管理、合同索赔管理及合同的档案管理。

(一)合同订立前的管理

合同订立前的管理就是合同的总体策划,包括测绘市场的预测,测绘资信的调查、研究、分析,合同签订决策和合同订立前行为的管理。要求必须采取谨慎、严肃、认真的态度,做好合同签订前的一切准备工作。

对于测绘工程业主单位,要通过合同的总体策划完成与测绘生产单位签约数量的确定、招标方式的确定、合同种类的选择、合同条件的选择、重要合同条款的确定,以及其他战略性问题的决策。

对于测绘生产单位,要通过合同的总体策划完成投标方向的选择、合同风险的总评估、合作方式的选择等。其合同的总体策划应服从于其取得利润的基本目标和企业的经营战略。

(二)合同订立中的管理

合同订立中的管理就是为测绘工程业主提供政策法律与技术支持,协助测绘工程业主与测绘工程生产单位签订合理有效的合同。着重注意:测绘项目的最终成果要求,即测绘工程业主需要测绘生产单位上交成果的种类、数据格式等;测绘项目采用的质量标准,即明确具体采用的标准,是否有更新的版本推出,是否有相互矛盾的地方;测绘项目的工期,即测绘生产单位是否能够在规定的工期内生产出符合业主质量标准要求的成果。

合同的订立是一种法律行为,必须严肃认真地会谈,在当事人双方协商一致,且不违反法律、行政法规的前提下,签约双方盖章、法定代表人签字,使合同合法、公平、有效,才具有法律的约束力。

(三)合同履行中的管理

合同依法订立以后,测绘工程监理人员应当做好履行过程中的组织和管理工作,合同各方按照合同条款享有权利和履行义务。测绘工程监理在合同履行过程中的管理,就是监督合同各方严格遵守合同条款、纠正偏差。

建立合同实施的保证体系、对合同实施情况进行跟踪并进行诊断分析、进行合同变更管理等,是合同履行阶段测绘工程监理人员的主要合同管理工作。

(四)合同违约管理

根据测绘生产合同中规定双方的权利和义务,确定违约责任。违约分为测绘工程业主违约和测绘生产单位违约。

测绘工程业主违约的情况一般有以下几种:

(1)不按合同约定按时支付工程预付款的。

合同违约管理

(2)不按合同约定按时支付工程款,导致测绘生产单位无法正常生产的。

(3)无正当理由不支付工程竣工结算款的。

(4)不履行合同义务或不按合同约定履行义务的其他情况。

测绘生产单位违约视情节可分为一般违约和严重违约,测绘工程监理工程师应区分对待。测绘生产单位违约的情况一般有以下几种:

(1)测绘成果质量达不到合同约定的质量标准。

(2)不能按照合同约定的工期或测绘工程监理工程师同意顺延后的工期交付合格的成果。

(3)其他不履行合同义务或不按约定履行义务的情况。

(五)合同纠纷管理

在测绘合同履行过程中,参与测绘工程项目的各方之间可能会发生纠纷,如:为了追求经济效益测绘生产单位投入的人力、物力不足造成工期延误;测绘工程生产单位不按原定技术方案操作导致质量问题;工程变更过多造成进度、投资目标无法实现;因为追赶工期而质量下降;测绘工程监理单位对各方面的协调力度不足,出现窝工及扯皮现象,对测绘工程目标产生不良影响等。当测绘合同双方对测绘合同所约定的权利、义务发生纠纷时,测绘合同就是解决纠纷的依据。测绘工程监理人员应该从整体、全局利益的目标出发,力争协调解决纠纷,如果无法调解则应通过其他法律方式解决纠纷。

(六)合同索赔管理

在测绘合同履行过程中,参与测绘工程的一方不履行或未完全履行合同规定的义务,如测绘工程业主提供的基础测绘资料不准确、启动资金到位滞后等,造成测绘生产单位延误工期;由于自然条件等造成生产延误工期;测绘工程业主要求增大测绘范围及增加成果的种类、类型等的测绘成果变更;测绘生产单位自身组织不力;测绘工程监理工程师要求的质量

过高,对测绘生产单位不合理的干预等差错;合同文件的组成、合同规定的项目工作量不清等合同矛盾和缺陷;政府政策的调整等原因,而使合同的另一方受到损失,受损失的一方即可向违约的一方提出给予赔偿的要求,这就是索赔。合同索赔分为测绘生产单位向测绘工程业主单位提出的索赔和测绘工程业主单位向测绘生产单位提出的反索赔两方面的内容。

合同索赔是一项法律性和技术性很强的工作,在合同管理过程中测绘工程监理人员有责任在项目实施中把握好各个环节,尽量减少索赔。如果出现索赔要求,必须以合同为依据,按实际发生的事件,记录、收集有效证据,进行实事求是的评价分析,从中找出索赔的理由和条件,并按索赔流程及时处理,避免酿成不良后果。

(七)合同的档案管理

合同的档案管理就是测绘工程监理人员在测绘合同的履行过程中,对测绘合同以及各种相关文件做好分类、编码,建立索引系统,便于查询和调用,以便能快速地掌握测绘合同及其变化情况。

二、测绘工程监理合同管理的措施

(1)建立健全测绘工程项目合同管理制度。

(2)经常对测绘合同管理人员、测绘工程项目负责人及有关人员进行合同法律知识教育,提高测绘合同执行人员法律意识和专业素质。

(3)在谈判签约阶段,重点是了解对方的情况,监督双方依照法律程序签订合同,组织配合有关部门做好测绘项目合同的签证、公证工作,并在规定时间内送交测绘合同管理机关等有关部门备案。

(4)在测绘合同履约阶段,主要是检查测绘合同以及有关法规的执行情况并做好统计分析。

(5)若参与测绘工程项目的各方之间发生纠纷,应以全局利益为重,做好协调工作。

(6)测绘合同的保管和归档。

测绘合同一般一经签订即行生效,但有的测绘合同需经测绘工程业主单位上级主管部门批准方能生效。测绘合同一旦生效,对测绘工程业主单位、测绘工程生产单位都具有法律的约束力,在测绘合同有效期内,每一方都必须全面履行测绘合同规定的义务和责任,并享有相应的权利。测绘合同履行的好坏,不仅会影响一个测绘工程项目的成败盈亏,也会影响测绘生产单位和测绘工程监理单位的信誉和发展前途,应给予足够的重视。

三、测绘工程监理合同管理的方法

测绘工程监理人员是以监控的方法对测绘工程合同进行管理。监控就是监督和控制,测绘工程监理人员通过合同分析着重弄清楚:测绘工程监理单位、测绘工程业主、测绘工程生产单位之间的义务及责任;测绘工程概况及测绘工程范围;测绘工程的工期目标;测绘成果质量执行的规范标准、测绘项目的验收程序;测绘项目费用;测绘工程业主与测绘生产单位的合同争议处理,包括索赔与反索赔;测绘工程业主与测绘工程监理单位之间争议的处理途径等问题。进行合同跟踪,监督参与测绘工程项目的各方履行测绘合同条款中规定义务的情况,如果测绘生产单位违反测绘生产合同或偏离测绘生产合同要求,测绘工程监理工程师就应采取必要的手段进行纠正,如采取下达指令、质量否决等。测绘工程监理工程师还应组织参与测绘工程项目的各方定期召开会议,分析存在问题,协调各方关系。并严把工程变更关,按正确的程序处理工程变更,当涉及测绘合同条款变更或需要补充协议时,测绘工程监理工程师应及时与参与测绘工程项目合同各方进行协商,妥善处理,做好组织协调工作。

任务四　测绘监理信息概述

信息就是"消息",是对人或客观事物情况的报道。测绘监理信息是在整个测绘工程的监理过程中发生的反映着测绘工程状态和规律的信息。是对参与测绘生产的测绘工程业主、测绘生产单位、测绘工程监理单位等各方主体,从事测绘工程项目管理提供决策依据的载体。在现代测绘工程中,能及时、准确、完善地掌握与测绘有关的大量信息,处理和管理好各类测绘信息,是测绘工程监理的重要工作内容。

一、测绘监理信息的特点

测绘监理信息涉及多部门、多环节、多专业、多渠道,具有一般信息的特征,同时也有其本身的特点。

(一)来源广、信息量大、形式多样

在测绘监理制度下,测绘项目监理组织已成为信息生成、流入和流出的中心。测绘监理信息一是来自测绘项目监理组织内部进行目标控制和管理而产生的信息;二是在进行测绘监理过程中,从测绘项目监理组织外流入的信息。由于测绘工程的长期性和复杂性,以及涉及的单位众多,使得测绘监理信息来源广泛、信息量巨大、形式多种多样。

(二)动态性强

测绘工程项目的实施是一个动态的过程,测绘监理工作也将是动态的控制工作,因此得到的测绘监理信息也都是动态的,这就需要及时地收集和处理相关的信息。

(三)有一定的范围和层次

业主委托测绘工程监理的范围不一样,测绘监理信息也不一样。测绘监理信息不等同于测绘生产信息,只有那些与测绘工程监理工作有关的信息才是监理信息。不同的测绘工程项目,所产生的信息既有共性,又有个性。另外,不同的测绘监理组织和监理组织的不同部门,所产生的信息也不一样。

二、测绘监理信息的表现形式

(一)文字

文字是测绘监理信息的一种常见的表现形式。测绘工程管理部门会下发很多文件,参与测绘工程各方,通常规定以书面形式进行交流,即使是口头上的指令,也要在一定时间内形成书面的文字,这也会形成大量的文件。这些文件包括国家、地区、部门行业颁布的有关测绘法律法规文件,国家和行业等制定的标准和规范,还包括招标投标文件、测绘生产单位的情况资料、会议纪要、监理月报、工程变更资料、监理通知、检查记录资料等。这些文件都是测绘监理信息。

(二)数字

数字也是测绘监理信息的一种常见表现形式。在测绘生产中,测绘监理工作的科学性

要求"用数字说话",为了准确地说明各种工作情况,必然有大量的数字数据产生,各种计算成果、各种检测数据,反映着测绘工程项目的质量、投资和进度等情况。

(三) 报表

报表是测绘监理信息的另一种表现形式。参与测绘工程各方都用这种直观的形式传播信息。例如:测绘生产单位要提供反映测绘工程状况的多种报表,测绘监理组织内部采用规范化的表格作为有效控制的手段,测绘工程监理工程师向业主反映情况也常用报表形式传递信息等。

(四) 图形、图像和声音等

测绘监理信息的形式还有图形、图像和声音等。这些信息包括相关比例尺地形图、影像图、测区位置及测区环境图像等,还包括隐蔽部位、标石规格、埋设深度、质量问题、生产进度等照片及影像,在生产过程中还有作业录像、照片等,这些信息直观、形象地反映了测绘工程情况,特别是能有效地反映隐蔽工程的情况。声音信息主要包括会议录音、电话录音以及其他的讲话录音等。

以上只是测绘监理信息的一些常见形式,测绘监理信息往往是这些形式的组合。随着科技的发展,还会出现更多更好的形式,了解测绘监理信息的各种形式及其特点,有助于测绘信息管理。

三、测绘监理信息的作用

测绘监理在工作中会产生、使用和处理大量的信息,信息既是测绘监理工作的成果,也是测绘监理进行工作的工具。

(一) 测绘监理信息是测绘工程监理工程师进行目标控制的基础

测绘工程监理的目标控制,就是按计划的质量、进度和投资完成测绘工程项目的生产。测绘监理信息贯穿在目标控制的各个环节之中,测绘工程监理目标控制系统内部各要素之间、系统和环境之间都靠信息进行联系。在测绘工程的生产过程中,测绘工程监理工程师要根据所反馈的质量、进度、投资的动态信息与计划信息进行对比,检查是否发生偏离,如发生偏离,即采取相应措施予以纠正,循环往复,直至测绘工程结束。

(二) 测绘监理信息是测绘工程监理工程师进行科学决策的依据

测绘生产中有许多问题需要决策,决策的正确与否直接影响着测绘工程总目标的实现及测绘工程监理单位、测绘工程监理工程师的信誉。在整个测绘工程的监理过程中,测绘工程监理工程师需要大量的、多层次的、经过加工整理的信息作依据,才能做出科学的、合理的监理决策。

(三) 测绘监理信息是测绘工程监理工程师进行组织协调的纽带

由于参与测绘工程的单位多、测绘生产周期长、影响测绘工程的因素也复杂,在测绘工程的实施过程中,会产生许多问题,测绘工程监理组织内部的、外部的、近层的、远层的,为解决问题,保证测绘生产进展顺利,这就需要进行大量的协调工作。测绘工程监理工程师只有通过广泛的、大量的、多样的信息了解情况,才可以顺利地完成协调工作。

四、测绘生产中的监理信息

测绘监理工作要求做过的工作都必须留下记录,这些记录就是测绘监理信息的重要组成部分。测绘生产过程中不断产生大量的信息,包括在测绘项目决策过程、实施过程和成果验收过程中产生的信息,以及其他与测绘项目有关的信息。所有测绘监理工作的内容都涉及信息管理。

(一)监理的文档资料

(1)各种有关测绘工程项目的法律法规及规范和标准等。

(2)测绘工程项目有关的各种合同。

(3)测绘工程项目的监理大纲、监理规划、监理实施细则等。

(4)测绘技术设计方案。

(5)测绘工作计划、工作总结。

(6)测绘技术报告。

(7)会议纪要。

(8)各种通知等。

(二)监理工作记录

(1)各种会议记录。

(2)测绘监理日志。

(3)测绘旁站监理记录。

(4)测绘监理各种记录等。

(三)监理报表

(1)测绘工程生产过程中的各个环节形成的报表。

(2)各种报批表格等。

(3)各种验收表格等。

(四)监理图像资料

(1)各种工作底图。

(2)测绘生产现场的各种照片、录像资料等。

任务五　测绘监理信息管理

测绘监理信息管理是指信息的合理组织和控制,即信息的收集、整理、存储、传递等一系列工作的总称。测绘工程监理信息管理工作一般包括以下内容。

一、建立测绘监理信息的编码系统

信息编码是为了方便信息的存储、检索和使用,在进行信息处理时赋予信息元素以代码的过程。即用不同的代码代表事物名称、属性和状态与各种信息建立一一对应的关系。信息编码必须标准化、系统化,使用代码既可以为事物提供一个精炼而不含混的记号,又可以提高数据处理的效率。设计合理的编码系统是关系信息管理系统生命力的重要因素。常用的编码方法如下。

(一)十进制码

这种编码方法是先把对象分成十大类,编以 0~9 的号码,每类中再分成 10 小类,给予第二个 0~9 的号码,依次下去。这种方法可以无限扩充下去,直观性也较好。

(二)顺序编码

顺序编码即从001(或0001、00001)开始依次排下去,直至最后的编码方法。

(三)成批编码

成批编码法也是从头开始,依次为数据编号。但在每批同类型数据之后留有一定余量,以备添加新的数据。

(四)多面码

一个数据项可能具有多方面的特性,若在码的结构中,为这些特性各规定一个位置,就形成了多面码。

(五)表意式编码

表意式编码法是用文字、数字或文字与数字结合起来进行描述,这样可以通过联想帮助记忆。

二、测绘监理信息的收集

测绘监理信息管理工作的质量好坏,很大程度上取决于原始资料的全面性和可靠性。因此,建立一套完善的信息采集制度是极其必要的。信息的收集工作必须把握信息来源,做到收集及时、准确。

(一)收集信息的作用

在测绘生产过程中,每时每刻都产生着大量的多种多样的信息。但是要得到有价值的信息,只靠自发产生的信息是不够的,还必须根据需要进行有目的、有组织、有计划的收集,才能提高信息质量,充分发挥信息的作用。

1. 收集信息是运用信息的前提

各种信息产生以后,会受到传输条件、人的思想意识和各种利益关系的影响。所以,信息有真假、虚实、有用无用之分。测绘工程监理工程师要取得有用的信息,必须通过一定渠道、采取一定的方法和措施收集测绘生产信息,然后经过加工、筛选,从中选择出对测绘工程监理决策有用的信息。

2. 收集信息是进行信息处理的基础

信息处理的全过程包括对已经取得的原始信息进行分类、筛选、分析、加工、评定、编码、储存、检索、传递。没有信息的收集就没有信息处理的资源,而信息收集工作的好坏,也直接决定着信息加工处理的质量高低。一般情况下,如果收集到的信息时效性强、真实度高、价值大且全面系统,那么再经过加工处理后质量就会更高,否则加工后的信息质量必然会较低。可见信息收集的重要性。

(二)收集信息的原则

1. 主动及时

测绘工程监理工程师要取得对测绘生产控制的主动权,就必须积极主动地收集信息,善于及时发现、取得、加工各类测绘生产信息。只有工作主动,获得信息才会及时。测绘监理工作的特点和测绘监理信息的特点都决定了收集信息要主动及时。测绘监理是一个动态控制的过程,而测绘工程又具有流动性的特点,实时信息量大、时效性强、稍纵即逝。

2. 全面系统

测绘监理信息贯穿在测绘生产工作的各个阶段和全过程。各类测绘监理信息和每一条测绘监理信息,都是测绘监理内容的反映或表现。所以,收集测绘监理信息不能挂一漏万、以点代面,把局部当成整体,或者不考虑事物之间的联系。同时,测绘生产并不是杂乱无章,要注意各个阶段的系统性和连续性,全面系统就是要求收集到的信息具有完整性。

3. 真实可靠

收集测绘监理信息的目的在于对测绘项目进行有效的控制。由于测绘工程项目中人们的经济利益关系,各类信息在传输过程中会发生失真等主客观原因,难免产生不能真实反映测绘工程实际情况的假信息。因此,必须严肃认真地进行收集工作,要将收集到的测绘监理信息进行严格核实、检测、筛选,去伪存真。

4. 重点选择

收集测绘监理信息要全面、系统和完整,不等于不分主次、缓急和价值大小,眉毛胡子一把抓,则必须要有针对性,坚持重点收集的原则。根据测绘监理工作的实际需要,明确信息收集目标、信息源和信息内容;再根据测绘工程监理的不同层次、不同部门、不同阶段对信息需求的侧重点,从大量的信息中选择适用的、使用价值大的、能够应用的,并能产生好的测绘工程监理效果的主要信息。

(三)收集信息的方法

测绘工程监理工程师主要通过各种方式的记录收集监理信息,这些记录统称为测绘监理记录,它是与测绘工程项目监理相关的各种记录资料的集合。通常可以分为以下几类。

1. 现场记录

测绘工程监理人员必须每天利用特定的表格或日志的形式在现场记录测绘作业现场所发生的事情。所有记录应自始至终保存好,以便供测绘工程监理工程师及其他监理人员查阅。这些记录每月都要由测绘专业监理工程师整理成为书面资料上报。

现场记录通常要记录的内容如下:

(1)详细记录所监理的测绘工程项目所需仪器设备、人员配备和使用情况。例如,测绘生产单位现场人员和设备与计划所列的是否一致;工程质量和进度是否因某些作业人员或某种仪器设备不足而受到影响,受影响的程度如何;是否缺乏专业技术人员或测绘仪器设备,测绘生产单位有无替代方案;测绘生产单位测绘仪器完好率和使用率是否令人满意等。

(2)记录气候及水文情况。记录每天的最高气温、最低气温、日照、气压、风力等情况;记录有无雨、雪、台风及洪水等天气,以及对作业人员和测绘仪器有无保护措施;记录气候的变化影响生产及造成损失的细节,如停工时间、救灾的措施和财产的损失等。

(3)记录测绘生产单位每天工作范围、完成工作数量,以及开始工作和完成工作的时间,记录出现的技术问题,采取了怎样的措施进行处理,效果如何,能否达到技术规范的要求等。

(4)对测绘生产过程中每步工序完成后的情况做简单描述,对缺陷的补救措施和变更情况等做详细记录,在现场对隐蔽工程的特别记录。

2. 会议记录

由测绘工程监理人员所主持的会议应由专人记录,并且要形成纪要,并经与会者签字确认,这些纪要将成为今后解决问题的重要依据。会议纪要应包括以下内容:会议地点及时间,出席者姓名、职务及他们所代表的单位,会议中发言者的姓名及主要内容,形成的决议,决议由何人及何时执行等,未解决的问题及其原因等。

3. 计量与支付记录

计量与支付记录所有计量及支付情况,应清楚地记录哪些工序进行过计量,哪些工序还没有进行过计量,哪些工序已经进行了资金支付,已同意或确定的费率和价格变更等。

4. 工程照片和录像

以下情况,可辅以工程照片和录像进行记录:

(1)新工艺、新方法、新仪器使用的照片和录像。

(2)重点工序作业的照片和录像。

(3)能证明或反映未来会引起索赔或工程延期情况的照片和录像,向上级反映即将引起影响工程进展情况的照片和录像。

(4)室内作业环境的照片和录像。

(5)隐蔽工程的照片和录像,如控制点标石的规格、埋设深度等。

(6)工程事故现场及处理事故的照片和录像。

(7)测绘监理工作的照片和录像,如重要工序的旁站监督和检查,现场监理工作实况,监理会议及参与测绘生产单位的业务讨论会,班前、工后会议等。

拍照时要采用专门的登记本记录照片和录像的序号、拍摄的时间、拍摄的内容、参加拍摄的人员等。

三、测绘监理信息的加工整理

测绘监理信息的加工整理就是对收集来的大量原始信息进行筛选、分类、排序、压缩、分析、比较、计算的过程。其目的就是通过加工为测绘工程监理工程师提供有用的信息。

测绘工程监理工程师为了有效地控制测绘工程的质量、进度和投资目标,提高测绘工程的投资效益,应在全面、系统收集测绘监理信息的基础上,加工整理收集来的信息资料。

(一)测绘监理信息加工整理的作用和原则

测绘监理信息加工整理的作用如下:首先,收集来的信息是原始的、零乱的和孤立的,形式也不同,通过加工整理,将信息分类,使之标准化、系统化。其次,收集来的原始信息,真实程度、准确程度都比较低,甚至还混有一些错误,只有经过分析、比较、鉴别,乃至计算、校正,才能使获得的信息准确、真实。另外,原始状态的信息,一般不便于使用、储存、检索、传递,经过加工整理后,可以使信息浓缩,以便于进行以上操作。还有,在加工整理过程中,通过对信息的综合、分解、整理、增补,可以得到更多、更有价值的信息。

测绘监理信息加工整理要遵循标准化、系统化、准确性、时间性和适用性的原则。测绘监理信息加工整理过程中,应当遵守已制定的标准,使来源和形态多样的各种各样信息标准化;要按测绘监理信息的分类系统,有序地加工整理,以符合信息管理系统的需要;要对收集到的测绘监理信息进行校正、剔除,使之准确、真实地反映测绘工程现状,要及时处理各种信息,特别是对那些时效性强的信息;要使加工整理后的测绘监理信息符合测绘监理工作的需要。

总之,通过对测绘监理信息的加工整理,一方面可以掌握测绘工程实施过程中各方面的进展情况,另一方面可直接或借助于数学模型来预测测绘工程未来的进展状况,从而为测绘工程监理工程师做出正确的决策提供可靠的依据。

(二) 测绘监理信息加工整理的成果

测绘工程监理工程师对信息进行加工整理,形成各种资料,如各种来往信函、来往文件、各种指令、会议纪要、备忘录、协议和各种工作报告等。工作报告是测绘监理信息最主要的加工整理成果。

1. 现场监理日报表

现场监理日报表是现场测绘工程监理人员根据每天的现场记录加工整理而成的报告。主要包括:当天的测绘生产内容;当天参加测绘生产的人员(工种、数量等);当天用于测绘生产的测绘仪器的名称和数量;当天发现的测绘生产质量问题;当天的生产进度和计划进度的比较,若发生进度拖延,应说明原因;当天天气综合评语;其他说明及应注意的事项等。

2. 现场监理工程师周报

现场监理工程师周报是现场测绘工程监理工程师根据监理日报加工整理而成的报告,每周向测绘项目总监理工程师汇报这一周内发生的所有重大事项。

3. 监理工程师月报

监理工程师月报是集中反映测绘工程实况和测绘监理工作的重要文件。一般由测绘项目总监理工程师组织编写,每月一次上报业主。监理工程师月报应包括以下内容:

(1)工程进度。描述测绘工程进度情况、测绘工程累计完成的比例。若拖延了计划,应分析其原因,以及这种原因是否已经消除,就此问题测绘生产单位、测绘工程监理人员所采取的补救措施等。

(2)成果质量。用具体的检测数据评价测绘成果质量,如实反映测绘成果质量的好坏,并分析原因,以及测绘生产单位和测绘工程监理人员对质量较差成果的改进意见。如有责令测绘生产单位返工的成果,应说明其数量、原因及返工后的质量情况。

(3)计量支付。说明本期支付、累计支付以及必要的分项工程的支付情况,表达支付比例、实际支付与工程进度对照情况等;测绘生产单位是否因流动资金短缺而影响了工程进度,并分析造成资金短缺的原因;有无延迟支付、价格调整等问题,说明其原因及由此而产生的增加费用。

(4)质量事故。质量事故发生的工序、时间、地点、原因、损失估计(经济损失、时间损失、人员伤亡情况等);事故发生后采取了哪些补救措施,以及在今后工作中避免类似事故发生的有效措施;由于事故的发生,影响了单项或整体工程进度情况等。

(5)工程变更。说明引起工程变更的原因、批准机关、变更项目的规模、工作量增减数量、投资增减的估计等;变更是否影响了工程进展,测绘生产单位是否就此已提出或准备提出索赔等。

(6)民事纠纷。说明民事纠纷产生的原因,哪些工序因此被迫停工,停工的时间,造成窝工的测绘仪器设备、人力情况等,测绘生产单位是否就此已提出或准备提出延期或索赔。

(7)合同纠纷。说明合同纠纷情况及产生的原因、测绘工程监理人员进行调解的措施、测绘工程监理人员在解决纠纷中的体会、测绘工程业主单位和测绘生产单位有无要求进一步处理的意向。

(8)测绘监理工作动态。描述本月的主要测绘工程监理活动,如召开监理会议、现场重大监理活动、延期和索赔的处理、上级布置的有关工作的进展情况、测绘监理工作中的困难等。

四、测绘监理信息的存储和传递

(一)测绘监理信息的存储

测绘监理信息的存储是指对加工整理后的测绘监理信息进行分类保存。就是将加工整理后的测绘监理信息按照一定特征、性质和内容记录在相应的信息载体上,并把这些记录信息的载体按不同的类别进行详细的记录并存放,建立信息归档系统,以便快速查询任何已归档的信息资料。

测绘监理信息存储的主要载体是文件、报告、报表、图纸、音像材料等。

测绘监理信息资料存储归档的类别与方式如下:

(1)一般函件。与业主、测绘生产单位和其他有关部门来往的函件按日期归档;测绘工程监理工程师主持或出席的所有会议记录按日期归档。

(2)监理报告。各种监理报告按次序归档。

(3)计量与支付资料。每月计量与支付证书,连同其他所附资料每月按编号归档;测绘工程监理人员每月提供的计量与支付有关的资料应按月份归档。

(4)合同管理资料。测绘生产单位对延期、索赔的原始资料和批准的延期、索赔文件按编号归档;工程变更的有关资料按编号归档;现场测绘工程监理人员为应急发出的书面指令及最终指令应按项目归档。

(5)图纸。按分类编号归档。

(6)技术资料。现场测绘工程监理人员每月汇总上报的现场记录及检测报告按月归档;测绘生产单位提供的竣工资料分项归档。

(7)工程照片。反映测绘工程实际进度的照片按日期归档;反映现场测绘监理工作的照片按日期归档;反映测绘工程质量事故及处理情况的照片按日期归档;其他照片,如会议和重要测绘监理活动的照片按日期归档。

以上资料在归档的同时,要进行记录,建立详细的目录表,以便随时调用、查询。

测绘监理信息的存储可以建立信息数据库,进行计算机管理,有利于进行检索,还可以实现测绘监理信息资源的共享,促进测绘监理信息的重复利用,便于测绘信息的更新和剔除。

(二)测绘监理信息的传递

测绘监理信息的传递是指测绘监理信息借助于一定的载体(如纸张、U盘、光盘等)从信息源传递给使用者的过程。

测绘监理信息在传递过程中,形成了各种明晰的传递流线,称之为信息流。信息流就是信息的传递流程,它反映了测绘工程项目中各参加单位、各部门之间的关系。为了保证测绘监理工作的顺利进行,必须使测绘监理信息在测绘工程项目管理的各级各部门之间、内部组织与外部环境之间畅通传递。在测绘监理工作中一般有三种信息流。

1.测绘项目监理机构各级之间的纵向信息流

测绘项目监理机构各级之间的纵向信息流主要是指从测绘总监理工程师、总监理工程师办公室、子项目监理组或职能部门、专项监理组至测绘工程监理员等各上下级之间的信息流。

1）自上而下的信息流

自上而下的信息流指由上级管理机构向下级管理机构流动的信息，上级管理机构是信息源，下级管理机构是信息的接受者。它主要是有关政策法规、合同、各种批文、各种计划信息。

2）自下而上的信息流

自下而上的信息流是指由下一级管理机构向上一级管理机构流动的信息，它主要是有关测绘工程项目总目标完成情况的信息，也即投资、进度、质量、合同完成情况的信息。其中，有原始信息，如实际投资、实际进度、实际质量信息；也有经过加工、处理后的信息，如投资、进度、质量对比信息等。

2. 测绘项目监理机构各级之间的横向信息流

测绘项目监理机构各级之间的横向信息流主要是指从子项目监理组或职能部门、专项监理组至测绘工程监理员等各同级之间的信息流。由于测绘工程监理是以"三控制"为目标，以合同管理为核心的动态控制系统，在测绘监理工作中，"三控制"和合同管理分别由不同的组织进行，由此产生各自的信息，并且相互之间又要为测绘监理的目标进行协作、传递信息。

3. 测绘项目监理机构内部组织与测绘工程各参与单位之间的信息流

测绘项目监理机构内部组织与测绘工程各参与单位之间的信息流主要是指从项目监理机构、测绘工程业主单位、测绘工程生产单位、各测绘仪器设备材料供应商之间的信息流。

项目小结

本项目介绍了有关合同、信息及合同管理、信息管理的概念。测绘工程监理人员应熟悉与合同管理有关的法律法规、规范和标准等，清楚在市场经济条件下，严格按照法律法规和有关合同进行测绘工程管理的重要性。学会测绘工程监理合同管理的方法、解决合同纠纷的办法和措施。

在测绘监理工作中有大量的信息产生，这些信息对于测绘工程业主及测绘工程监理工作非常重要，有一些信息具有实时性，稍纵即逝。本项目详细地介绍了有关测绘监理信息管理的知识，学会收集、整理、存储、传输与测绘工程有关的信息，为信息使用者提供所需的可靠资料，是每个测绘监理人员应该做好的工作。

思考题

1. 简述合同的概念。合同的形式及主要内容有哪些？
2. 测绘工程监理合同管理的内容、措施和方法有哪些？
3. 合同的法律特征是什么？
4. 测绘生产中有哪些监理信息？
5. 如何进行测绘监理信息管理？
6. 如何收集测绘工程监理信息？
7. 监理信息加工整理的成果有哪些？
8. 监理资料归档的形式分类有哪几种？

测绘工程监理
的组织协调

项目九　测绘工程监理的组织协调

测绘工程监理的组织协调就是以一定的形式、方法和手段,对测绘工程项目实施中各种关系进行沟通,统一各方面的力量,对产生的干扰和障碍予以排除,使参与测绘工程项目的各方相互配合适当,以实现预期目标的过程。其目的就是促使参与测绘工程项目的各方协同一致,调动各方人员的积极性,及时纠偏,预控错位,提高工作效率,使测绘工程项目的实施和实现过程顺利进行。测绘工程监理的组织协调工作贯穿于整个测绘工程项目实施及其实现的全过程中。

测绘工程监理的组织协调范围分为系统内部的协调和系统外部的协调,系统外部的协调又分为近外层协调和远外层协调。近外层和远外层的主要区别是:测绘工程与近外层关联单位一般有合同关系,如与业主、仪器经销单位等的关系;与远外层关联单位一般没有合同关系,但受法律法规和社会公德等的约束,如与政府、项目周边社区组织、交通、绿化、环保、文物、消防、公安等单位的关系。

任务一　测绘工程监理组织协调的工作内容

一、测绘工程监理组织内部的协调

(一)人际关系的协调

测绘工程监理组织是由人组成的工作体系,工作效率很大程度上取决于人际关系的协调程度,测绘工程总监理工程师应做好人际关系的协调工作,激励测绘工程监理组织中的每一位成员,使测绘监理工作顺利进行。

人际关系的协调主要是解决人员之间在工作中的联系和矛盾。

1. 工作安排要量才合理

对测绘工程监理组织中的各种人员,要根据每个人的能力、专长来安排工作,应该做到人尽其才。人员的相互搭配也应该注意能力互补和性格互补,人员配置应尽可能少而精,防止力不胜任和忙闲不均的现象。

2. 工作分工要职责分明

对测绘工程监理组织内的每一个岗位,都应明确其工作目标和岗位责任及岗位职权,使管理职能既不重复也不遗漏,做到事事有人管,人人有专责,防止推卸责任和互相扯皮等现象。

3. 成绩评价要实事求是

对测绘工程监理组织中的每一位成员所做出的成绩,都要给予实事求是的评价,使每一位成员都能热爱自己的工作,并对测绘工程监理工作充满信心和希望,防止无功自傲或者有功受屈的现象。

4. 矛盾调解要及时恰当

测绘工程监理组织成员之间如果出现矛盾，就应该立即进行解决，且不可拖拉甚至视而不见，防止矛盾扩大，影响正常的工作。调解矛盾要注意方法，多听取测绘监理组织成员的意见和建议，及时沟通、个别谈话、启发引导、必要批评，使人员始终处于团结、和谐、热情高涨的工作气氛之中。

（二）组织关系的协调

组织的概念

测绘工程监理组织是由若干个部门和监理组组成的工作体系。每个部门和监理组都有自己的目标和任务。如果要使整个测绘工程监理组织的工作处于有序的良性状态，则每个监理组必须都从测绘工程的整体利益出发，理解和履行自己的职责；否则，整个工作系统将处于无序的紊乱状态，导致工作效率下降，甚至功能丧失。

组织关系的协调主要是解决测绘工程监理组织的内部分工与配合问题。

1. 按照职能的划分设置监理部门和监理组

根据测绘工程对象及委托监理合同所规定的工作内容，确定职能划分，并相应设置配套的监理部门和监理组。

2. 明确规定每个监理部门和监理组的目标、职责和权限

测绘工程监理组织各部门和各监理组的目标、职责和权限都要以规章制度的形式做出明文规定。

3. 事先约定各监理部门和监理组在测绘工程监理工作中的相互关系

在测绘工程监理中许多工作不是一个部门和监理组能完成的，而是由多个部门和监理组共同来完成的，其中有主办、协作、配合之分。事先约定好相互关系，才不至于出现脱节、误事、推诿等贻误工作的现象。

（三）需求关系的协调

测绘工程监理实施中，有人员的需求、资金的需求、仪器设备的需求、材料的需求、信息的需求等，而资源是有限的，因此内部需求平衡至关重要。

需求关系的协调主要是通过协调来解决需求平衡的问题。

1. 对测绘监理设备、材料的平衡

测绘工程监理开始时，要做好测绘监理规划和测绘监理实施细则的编写工作，提出合理的测绘工程监理资源配置，要注意抓住期限上的及时性、规格上的明确性、数量上的准确性、质量上的规定性。

2. 对测绘工程监理人员的平衡

要抓住调度环节，注意各测绘监理组监理工程师的配合。一项测绘工程包括多个分部分项环节，复杂性和技术要求各不相同，这就存在测绘工程监理人员配备、衔接和调度问题。在测绘工程监理力量的安排上必须考虑到测绘工程进展情况，进行合理的安排，以保证测绘工程监理目标的实现。

二、与测绘工程业主的协调

测绘工程监理单位与测绘工程业主关系的好与坏，是测绘工程监理目标是否能顺利实

现的关键。而测绘工程监理单位与测绘工程业主关系如何是与协调密切相连的,因此与测绘工程业主关系的协调程度决定了测绘工程监理的成败。

(1)测绘工程监理工程师首先要熟知测绘工程总目标、理解测绘工程业主的意图。对于未能参加测绘项目决策过程的测绘工程监理工程师,必须了解测绘项目构思的基础、起因、出发点,否则可能对测绘监理目标及完成任务有不完整的理解,会给测绘工程监理工作造成很大的困难。

(2)利用工作之便做好测绘工程监理的宣传工作,增进测绘工程业主对测绘工程监理工作的理解,特别是对测绘工程监理的职责及测绘工程监理程序的理解;主动帮助业主处理测绘工程中的事务性工作,以自己规范化、标准化、制度化的工作去影响和促进双方工作的协调一致。

(3)尊重业主,尽量让测绘工程业主也一起走入测绘工程的全过程。尽管有预定的目标,但测绘工程实施必须执行测绘工程业主的指令,使业主满意。对测绘工程业主提出的某些不适当的要求,只要不属于原则问题,都可先执行,然后利用适当时机、采用适当方式加以说明或解释;对于原则性问题,可采用书面报告等方式说明原委,尽量避免发生误解,以使测绘工程顺利实施。

三、与测绘生产单位的协调

测绘工程监理工程师依据测绘工程委托监理合同对测绘工程项目实施监理,而测绘工程的质量、进度和投资的控制是通过测绘生产单位来实现的,因此做好与测绘生产单位的协调工作是测绘工程监理工程师非常重要的工作内容。

(一)与测绘生产单位项目经理关系的协调

测绘工程监理工程师在进行测绘工程监理工作中既要坚持原则、公平、公正,也要通情达理、善于听取测绘生产单位项目经理的意见,而且要在测绘生产单位工作之前发出明确而不含糊的指令,对于测绘生产单位项目经理询问的问题都能给予及时的答复,工作方法要灵活、多变,与测绘生产单位项目经理经常沟通、交流,使测绘工程项目顺利进行。

(二)测绘工程进度问题的协调

由于影响测绘工程进度的因素多而复杂,所以进度问题的协调工作也十分复杂。为保证测绘工程按测绘合同工期完成,测绘工程监理工程师应提倡测绘工程业主和测绘生产单位双方共同商定进度计划,并由双方主要负责人签字,作为测绘工程生产合同的附件;并建立严格、公正的奖惩制度,如果测绘生产单位工期提前,应给予一定的奖励,如果由于测绘生产单位造成工期拖延,则应给予一定的惩罚。

(三)测绘工程成果质量的协调

在质量控制方面应实行测绘工程监理工程师质量签字认可制度。对没有检验证明的测绘仪器设备和软件不准使用;对不合格的工序成果不予验收签字,也不予计算工作量,不予支付工程款。对于在测绘工程生产过程中出现的测绘合同签订时无法预料和明确规定的工程变更,测绘工程监理工程师要认真研究,采取积极应对的办法,与有关方面充分协商,达成一致意见,仍须实行测绘工程监理工程师签证制度,保证测绘成果质量。

(四)对测绘生产单位违约行为的处理

在测绘生产过程中,测绘生产单位如果出现了某些违约行为,测绘工程监理工程师就要进行处理,这是不可避免的事情。测绘工程监理工程师在处理测绘生产单位的违约行为时一定要慎重。测绘工程监理工程师应该考虑自己的处理意见是否在测绘工程监理权限以内,根据测绘委托监理合同要求,自己应该怎么做等。当发现测绘生产单位采用某种不适当的方法进行作业,或是用了没经过检验的测绘仪器时,测绘工程监理工程师应立即制止,如果不听劝阻,就要采取相应的处理措施。在发现测绘成果有质量缺陷时,测绘工程监理工程师必须立即通知测绘生产单位进行整改,且整改要有期限,随即再进行检查,否则测绘生产单位有权认为测绘工程监理工程师对已完成的工作内容是满意或认可的。

(五)测绘合同争议的协调

对于工程中的合同争议,测绘工程监理工程师应首先采用协商解决的方式,协商不成时才由当事人向合同管理机关申请调解。只有当对方严重违约而使自己的利益受到重大损失且不能得到补偿时才采用仲裁或诉讼手段。

(六)处理好人际关系

在测绘工程监理过程中,测绘工程监理工程师处于一种十分特殊的位置。测绘工程业主单位希望得到独立、专业的高质量服务,而测绘生产单位则希望监理单位能对合同条件有一个公正的解释。因此,测绘工程监理工程师必须善于处理各种人际关系,既要严格遵守职业道德,礼貌而坚决地拒收任何礼物,以保证行为的公正性,也要利用各种机会增进与各方面人员的友谊与合作,以利于工程的进展;否则,便有可能引起测绘工程业主或测绘生产单位对其可信赖程度的怀疑。

四、与政府部门及其他单位的协调

一个测绘工程的开展还存在政府部门及其他单位的影响,如金融组织、社会团体、新闻媒介等,它们对测绘工程起着一定的控制、监督、支持、帮助作用。这些关系若协调不好,测绘工程实施也可能严重受阻。

(一)与政府部门的协调

(1)测绘产品质量监督检查站是由政府授权的测绘产品质量监督检验的实施机构,对委托监理的测绘工程,测绘产品质量监督检查站主要是核查测绘生产单位和测绘工程监理单位的资质,监督这些单位的质量行为和测绘成果质量。测绘工程监理单位在进行工程质量控制和质量问题处理时,要做好与测绘产品质量监督检验站的交流和协调。

(2)重大质量事故,在测绘生产单位采取急救、补救措施的同时,应督促测绘生产单位立即向政府有关部门报告情况,接受检查和处理。

(3)测绘生产合同应送公证机关公证,并报政府测绘主管部门备案;协调测绘生产单位在测区内的作业工作得到政府有关部门的支持和协作。

(二)与社会团体关系的协调

测绘工程监理单位和测绘工程业主单位都应把握机会,争取社会各界对测绘工程的关心和支持,这是一种争取良好社会环境的协调。对社会团体的协调工作,从组织协调的范围看是属于远外层的协调。对远外层关系的协调,应由测绘工程业主主持,测绘工程监理单位主要是协调近外层关系。如测绘工程业主将部分或全部远外层关系协调工作委托监理单位承担,则应在委托监理合同专用条件中明确委托的工作和相应的报酬。

■ 任务二　测绘工程监理组织协调的方法

　　测绘工程监理组织协调工作涉及面广,受主观因素和客观因素影响较大。为保证测绘工程监理工作顺利进行,要求测绘工程监理工程师知识面宽,有较强的工作能力,能够灵活处理问题。测绘工程监理组织协调的常用方法主要包括会议协调法、交谈协调法、书面协调法、访问协调法、情况介绍法。

一、会议协调法

　　会议协调法是测绘工程监理中最常用的一种协调方法。常用的会议协调法包括第一次工地会议、监理例会、专业性监理会议等。

(一) 第一次工地会议

　　第一次工地会议是测绘工程尚未全面展开前,履约各方相互认识、确定联络方式的会议,也是检查测绘工程开工前各项准备工作是否就绪并明确测绘工程监理程序的会议。第一次工地会议应在测绘项目总监理工程师下达开工令前举行,会议由测绘工程业主单位主持召开,测绘工程监理单位、测绘生产单位的授权代表参加。

(二) 监理例会

　　(1)监理例会是由测绘总监理工程师主持,按一定程序召开的研究测绘生产中出现的计划、质量、进度及工程款支付等问题的工地会议。

　　(2)监理例会应当定期召开,宜每周召开一次。

　　(3)参加人包括:测绘工程总监理工程师(也可为总监理工程师代表)、其他有关测绘工程监理人员、测绘生产单位项目经理、测绘生产单位其他有关人员。需要时,还可邀请其他有关单位代表参加。

　　(4)会议的主要议题如下:对上次会议存在问题的解决和纪要的执行情况进行检查,生产进展情况,对下月(或下周)的进度预测及其落实措施,成果质量情况,质量改进措施,有关技术问题,索赔及工程款支付情况,需要协调的有关事宜。

　　(5)会议纪要。会议纪要由测绘项目监理机构起草,经与会各方代表会签,然后分发给有关单位。会议纪要内容如下:召开会议的时间与地点,会议主持人,与会人员姓名、职务及其代表的单位,会议中发言者的姓名及所发表的主要内容,决定事项,诸事项分别由何人何时执行。

(三) 专业性监理会议

　　除定期召开工地监理例会外,还应根据需要组织召开一些专业性监理会议。专业性监理会议均由测绘工程监理工程师主持。

二、交谈协调法

　　在实践中,并不是所有问题都需要开会来解决,有时可采用“交谈”这一方法。交谈包括面对面的交谈和电话交谈两种形式。

　　无论是内部协调还是外部协调,这种方法使用频率都是相当高的,且有独特的优势。

（一）保持信息畅通

由于交谈本身既方便又及时，也没有合同效力，所以测绘工程参与各方之间及测绘工程监理机构内部都愿意采用这一方法进行。

（二）寻求协作和帮助

在寻求别人帮助和协作时，往往要及时了解对方的反应和意见，以便采取相应的对策。另外，相对于书面寻求协作，人们更难于拒绝面对面的请求。因此，采用交谈方式请求协作和帮助比采用书面方法实现的可能性要大。

（三）及时发布工程指令

在实践中，测绘工程监理工程师一般都采用交谈方式先发布口头指令，这样，一方面可以使对方及时地执行指令，另一方面可以和对方进行交流，了解对方是否正确理解了指令。随后，再以书面形式加以确认。

三、书面协调法

当会议协调或者交谈协调不方便，或者需要精确地表达自己的意见时，就会用到书面协调的方法。书面协调法的特点是合同效力，一般常用于以下几方面：

（1）不需双方直接交流的书面报告、报表、指令和通知等。

（2）需要以书面形式向各方提供详细信息和情况通报的报告、信函和备忘录等。

（3）事后对会议记录、交谈内容或口头指令的书面确认。

四、访问协调法

访问协调法主要用于外部协调中，有走访和邀访两种形式。走访是指测绘工程监理工程师在测绘工程生产前或生产过程中，对与测绘工程项目有关的各政府部门、公共事业机构、新闻媒介或测绘项目测区毗邻单位等进行访问，向他们解释测绘工程项目的情况，了解他们的意见。邀访是指测绘工程监理工程师邀请上述各单位（包括业主）代表到测绘作业现场对测绘生产进行指导性巡视，了解测绘现场工作。因为在多数情况下，这些有关方面并不了解测绘工程项目，不清楚作业现场的实际情况，如果进行一些不恰当的干预，会对测绘产生有不利影响。这个时候，采用访问法就是一种相当有效的协调方法。

五、情况介绍法

情况介绍法通常是与其他协调方法紧密结合在一起的，它可能是在一次会议前，或是一次交谈前，或是一次走访或邀访前向对方进行的情况介绍。形式上主要是口头的，有时也伴有书面的。介绍往往作为其他协调的引导，目的是使他人首先了解情况。因此，测绘工程监理工程师应重视任何场合下的每一次介绍，要使他人能够理解你介绍的内容、问题和困难、你想得到的协助等。

总之，组织协调是一种管理艺术和技巧，测绘工程监理工程师尤其是测绘工程总监理工程师需要掌握领导科学、心理学、行为科学方面的知识和技能，如激励、交际、表扬和批评的艺术、开会的艺术、谈话的艺术、谈判的技巧等。只有这样，测绘工程监理工程师才能进行有效的协调工作。

▣ 项目小结

　　测绘工程监理组织协调就是统一参与测绘工程项目各方的力量,使各方相互配合适当,及时纠偏,预控错位,共同努力促进目标的实现。

　　在测绘工程监理组织内部,测绘工程监理人员工作安排要量才合理、分工要职责分明、成绩评价要实事求是、矛盾调解要及时恰当;组织关系要按照职能划分设置测绘工程监理部门、明确每个测绘工程监理部门的目标和权责、事先约定各测绘工程监理部门在测绘工程监理工作中的相互关系;在资源有限时平衡人员、资金、仪器设备、材料、信息等的需求。

　　测绘工程监理人员要尊重测绘工程业主,协调与测绘工程业主的关系是测绘工程监理目标是否能顺利实现的关键。在测绘工程监理过程中,要对测绘生产单位的生产进度、成果质量、中间计量与支付签证、合同纠纷等一系列问题进行协调。

　　协调好与政府部门、金融组织、新闻媒介,以及其与测绘项目测区周边社区组织、交通、绿化、环保、文物、消防、公安等单位的关系,使他们对测绘工程项目起着一定的控制、监督、支持、帮助作用,以防测绘生产作业受阻。

　　测绘工程监理组织协调经常采用的方法是会议协调法、交谈协调法、书面协调法、访问协调法和情况介绍法。

▣ 思考题

1. 测绘工程监理组织内部协调有哪些方面?
2. 如何进行人际关系的协调?
3. 如何进行组织关系的协调?
4. 简述测绘工程监理与测绘工程业主的协调。
5. 简述测绘工程监理与测绘生产单位的协调。
6. 简述测绘工程监理与政府部门的协调。
7. 测绘工程监理组织协调的方法有哪些?

项目十　测绘工程监理文件与监理资料

测绘工程监理
文件与监理资料

测绘工程监理文件是指测绘工程监理单位投标时编制的测绘工程监理方案、测绘工程监理合同签订以后编制的测绘工程监理规划和测绘专业监理工程师编制的测绘工程监理实施细则。这些文件在测绘工程监理过程中起着非常重要的指导作用。在测绘工程监理实施过程中，随着测绘工程监理工作的进展还会形成许多监理资料，收集、整理、分析、研究、保管、查询和管理好这些测绘工程监理资料，也是测绘工程监理人员进行信息管理的一项重要工作。

■ 任务一　测绘工程监理方案

测绘工程监理方案又称测绘工程监理大纲，它是测绘工程监理单位在测绘工程业主开始委托测绘工程监理过程中，特别是在业主进行测绘工程监理招标过程中，为获得测绘工程监理业务，而精心编制的指导测绘工程项目监理工作的纲领性文件。

一、测绘工程监理方案的作用

(一)承接测绘工程监理业务

测绘工程监理方案是为了使测绘工程业主认可测绘工程监理单位所提供的监理服务，从而承接到测绘工程监理业务的重要资料。尤其是通过公开招标竞争的方式获取测绘工程监理业务时，测绘工程监理方案是测绘工程监理投标书的重要组成部分，是测绘工程监理单位能否中标、取信于测绘工程业主最主要的文件资料。

(二)测绘工程监理工作指导

测绘工程监理方案是为获取监理任务后测绘工程监理单位开展测绘工程监理工作而制订的工作指导文件，也是测绘工程委托监理合同的重要组成部分，更是测绘工程业主确认测绘工程监理单位是否履行测绘工程监理合同的主要依据。

二、测绘工程监理方案的编写要求

测绘工程监理方案由测绘工程监理单位起草，经过测绘工程业主单位批准后方可使用。

(一)编写测绘工程监理方案的要点

(1)测绘工程监理程序是测绘工程监理方案的主线，要把测绘工程监理程序贯穿在测绘工程的整个过程，用来指导测绘工程的实施。因此，测绘工程监理程序要脉络清晰，符合测绘工程的规律，利于测绘工程目标的完成。

(2)测绘工程监理办法是测绘工程监理的具体措施，测绘工程监理办法要有针对性，处理问题时要切实可行，能够解决具体的问题。

(3)测绘工程监理工作要有特色,有独到的工作方法和创新意识,体现出与其他监理单位的不同之处和令测绘工程业主关注的亮点。

(4)测绘工程监理方案内容不能脱离测绘工程项目的实际,要有可执行度。

(二)编写测绘工程监理方案的技巧

(1)掌握招标投标的评分标准。在每个评标的环节上都有充分的准备和具体的办法。

(2)善于分析信息。从测绘工程项目各方面收集到的信息比较庞杂,要有敏锐的思维,从错综复杂的资料中抓住问题的实质,并客观地分析出测绘工程监理的思路。

(3)善于运用规范。把测绘工程监理规范、工程测量规范等法律文件的各项条款分析明白、研究清楚,并在测绘工程监理方案中体现出来,使测绘工程监理方案更具有说服力。

(4)要讲诚信守承诺。在测绘工程监理方案编写时要注重诚实守信良好企业形象的树立,要对测绘工程监理工作做出具体的承诺,并采取具体可行的措施兑现承诺。

(5)提前准备资料。测绘工程监理方案的编写来自于对测绘工程监理工作的日常积累,平常工作中就要把事情做细,并积累丰富的资料,在编写之初就已经做好充分的准备工作。

(三)编写测绘工程监理方案的要求

(1)为使测绘工程监理方案的内容和监理实施过程紧密结合,测绘工程监理方案的编制应在测绘工程监理单位总经理或主管负责人的带领下,人员应当是测绘工程监理单位经营部门或技术管理部门的负责人,也应包括拟订的测绘总监理工程师。测绘工程总监理工程师参与编写测绘工程监理方案,有利于下一步测绘工程监理的规划的编制。

(2)测绘工程监理方案的编制应根据测绘工程监理招标文件、设计文件及测绘工程业主的要求编制。

(3)为了能够指导整个测绘工程的监理工作,测绘工程监理方案的内容要全面,任务、措施、方法和效果等要明确,要涵盖所有工序和各类成果。

(4)每项测绘工程的目标、组织形式、测绘基础和自然条件等都有自身的特点,测绘工程监理需要监理的重点内容、要解决问题也有很大的区别。因此,测绘工程监理方案的编制要有良好的针对性,只有采取有针对性的控制手段和检查措施才能保证测绘工程监理的质量。

(5)测绘工程监理方案的编制要体现测绘工程监理单位自身的管理水平、技术装备等实际情况,编制的测绘工程监理方案既要满足最大可能地中标,又要建立在合理、可行的基础上。因为测绘工程监理单位一旦中标,投标文件将作为测绘工程监理合同文件的组成部分,对测绘工程监理单位履行合同具有约束效力。

三、测绘工程监理方案的主要内容

测绘工程监理单位应当根据业主发布的测绘工程监理招标文件的要求及所提供的测绘工程信息,制订测绘工程监理方案。测绘工程监理方案应当包括以下主要内容:

(1)测绘项目概况(包括工作范围、内容及目标)。

(2)测绘工程监理工作依据。

(3)测绘工程监理部的组织形式。

(4)测绘工程监理部的人员配备计划。

（5）测绘工程监理部的人员岗位职责。

（6）测绘工程监理工作程序。

（7）测绘工程监理工作方法及措施。

（8）测绘工程监理工作制度。

（9）测绘工程监理仪器设备。

（10）阶段性测绘工程监理文件。

■ 任务二　测绘工程监理规划

测绘工程监理规划是测绘工程监理单位接受测绘工程业主委托并签订委托测绘工程监理合同之后，由测绘工程总监理工程师主持，根据测绘委托监理合同，在测绘工程监理方案的基础上，结合测绘工程的具体情况，广泛收集测绘工程信息和资料的情况下，且在测绘工程监理工作开始之前编制的，经测绘工程监理单位技术负责人批准，用以指导测绘工程监理组织，全面开展测绘工程监理工作的指导性文件。

从内容范围上讲，测绘工程监理方案与测绘工程监理规划都是围绕着整个测绘工程监理组织所开展的测绘监理工作来编写的，但测绘工程监理规划的内容要比测绘工程监理方案更具体、更全面。

一、测绘工程监理规划的作用

（一）指导测绘工程监理工作的全面开展

测绘工程监理的中心任务是协助测绘工程业主实现项目总目标，这就需要制订测绘工程监理工作计划，建立测绘工程监理组织，配备测绘工程监理人员，投入测绘工程监理工作所需资源，进行有效的领导，实施目标控制。测绘工程监理规划就是对测绘工程监理组织开展的各项测绘工程监理工作做出全面的、系统的组织与安排。

（二）测绘工程业主监督检查测绘工程监理单位履行测绘监理合同的依据

测绘工程监理单位如何履行测绘工程监理合同；测绘工程监理项目部如何完成各项测绘工程监理服务工作；测绘工程业主如何配合测绘工程监理单位履行自己的义务，测绘工程业主都需要了解和确认。测绘工程监理规划就是测绘工程业主了解和确认这些问题的说明性文件，也是测绘工程业主检查测绘工程监理单位是否全面、认真履行测绘工程监理合同的主要依据。

（三）测绘行政主管部门监督管理测绘工程监理单位工作的依据

测绘工程监理主管机构对测绘工程监理单位要实施监督、管理和指导，对其管理水平、人员素质、专业配套和监理业绩进行核查和考评，以确认测绘工程监理单位的资质和资质等级。测绘工程监理规划就是测绘工程监理主管机构监督、管理和指导测绘工程监理单位开展测绘工程监理活动的重要依据。

（四）促进测绘生产单位与测绘工程监理单位之间的协调

测绘生产单位按照测绘生产合同开展工作，而测绘工程监理规划的编制依据就包括测绘生产合同，两者有着实现测绘工程目标的一致性和统一性。测绘工程监理规划中的监理工作程序、手段、方法、措施等都应当与测绘生产单位的生产流程、生产方法、生产措施等对

应统一。在测绘生产过程中,让测绘生产单位人员了解并接受行之有效及科学合理的监理目标、工作程序、方法、手段、措施,将能使测绘工作顺利的开展。

(五)测绘工程重要的存档资料

随着我国测绘工程项目管理及测绘工程监理工作越来越趋于规范化,体现工程项目管理工作的重要原始资料的测绘工程监理规划无论作为测绘工程业主单位竣工验收存档资料,还是作为体现测绘工程监理单位自己监理工作水平的标志性文件都是极其重要的。测绘工程监理规划应在召开第一次工地会议前报送测绘工程业主单位。测绘工程监理规划是生产阶段监理资料的主要内容,在测绘工程监理工作结束后应及时整理归档,测绘工程业主单位应当长期保存,测绘工程监理单位、测绘行业档案管理部门也应当存档。

二、测绘工程监理规划编制的依据

(1)测绘工程的相关法律法规、条例及测绘项目审批文件。

(2)测绘工程项目有关的标准、规范、设计文件及有关技术资料。

(3)测绘工程监理方案、测绘工程委托监理合同、测绘工程生产合同及与测绘项目相关的合同文件。

(4)测绘工程项目自然条件、社会条件和经济条件等外部环境调查研究资料。

(5)测绘工程项目业主的正当要求。

三、测绘工程监理规划编制的要求

(1)测绘工程监理规划的编制应针对工程项目的实际情况,明确测绘项目监理的工作目标,确定具体的测绘工程监理工作制度、程序、方法和措施,并应具有可操作性。测绘工程监理规划的编制应在签订委托监理合同文件后,测绘工程项目实施监理工作之前。

(2)测绘工程监理规划作为指导测绘项目监理组织全面开展测绘工程监理工作的指导性文件,在总体内容组成上应力求做到统一。这是测绘工程监理工作规范化的要求,是测绘工程监理制度化的要求,是测绘工程监理科学化的要求。

(3)测绘工程监理规划基本构成内容应当统一,但各项内容要有针对性。因为测绘工程监理规划是指导一个特定测绘工程项目监理工作的技术指导性文件,测绘工程监理规划的具体内容要适用于这个特定的测绘工程项目。

(4)由于测绘工程项目的实施是一个长期的过程,在这个过程中有许多难以预料的问题,测绘工程项目的动态性,要求测绘工程监理规划与测绘工程的运行相适应,应具有可变性,只有这样才能实施对测绘工程项目的有效监理。

(5)测绘工程监理规划应当明确地提出测绘工程监理机构在测绘工程实施过程中,应当做哪些工作,由谁来做这些工作,在什么时间和什么地点做这些工作,如何做好这些工作。测绘工程监理规划是测绘项目监理工作的依据。

(6)测绘工程监理规划应由测绘项目总监理工程师主持,专业监理工程师参加编制,编制完成后必须经测绘工程监理单位技术负责人审核批准。

四、测绘工程监理规划的内容

(1)测绘工程项目概况:测绘工程项目名称,测绘工程项目测区地点、范围,测绘工程总投资额,测绘工程项目业主单位,测绘工程项目生产单位,测绘工程项目组成及规模,测绘工程项目合同概要,测绘工程项目计划工期,测绘工程质量目标。

(2)测绘工程监理工作范围:按照测绘工程委托监理合同的规定,写明业主的授权范围。

(3)测绘工程监理工作内容:测绘工程前期监理工作的主要内容,测绘工程实施阶段监理工作的主要内容,测绘工程成果检查验收阶段监理工作的主要内容。

(4)测绘工程监理工作目标:质量控制目标,进度控制目标,投资控制目标,合同管理,信息管理,组织协调。

(5)测绘工程监理工作依据。

(6)测绘工程监理机构的组织形式。

(7)测绘工程监理机构的人员配备计划。

(8)测绘工程监理机构的人员岗位职责。

(9)测绘工程监理工作程序。

(10)测绘工程监理工作方法及措施。

(11)测绘工程监理工作制度。

(12)测绘工程监理设施:办公、交通、生活设施,常规检验设备和工具,测绘监理用计算机及软件。

任务三　测绘工程监理实施细则

测绘工程监理实施细则是根据测绘工程监理方案由专业监理工程师编制,并经测绘工程总监理工程师批准,针对测绘工程项目中某一专业或某一方面监理工作的指导而进行监理工作的操作性文件。

一、测绘工程监理实施细则的作用

(一)测绘工程监理工作的操作性文件

测绘工程监理为了协助测绘工程业主实现测绘工程的总目标,需要制订全面的、科学的、具有可操作性的指导测绘工程监理工作的操作性文件。测绘工程监理实施细则就是这样一个文件。

(二)指导测绘工程监理工作

测绘工程监理实施细则中对测绘工程项目监理组织开展的各项测绘工程监理工作都做出全面系统的安排,可以增加测绘工程监理对本测绘工程的认识和熟悉程度,使测绘工程监理人员通过各种控制方法能更好地进行质量控制,从而有针对性地开展测绘工程监理工作,有利于保证测绘工程目标的实现。同时,测绘工程监理实施细则中还包括测绘工程监理效果考核等内容,有助于提高测绘工程监理的专业技术水平与测绘工程监理素质。

(三)测绘工程业主支持与检查测绘工程监理工作的依据

测绘工程业主与测绘工程监理单位是委托与被委托的关系,是通过测绘委托监理合同确定的,测绘工程监理代表测绘工程业主的利益工作。测绘工程监理实施细则反映了测绘工程监理单位对测绘项目目标的控制能力与技术水平,可以消除测绘工程业主对测绘工程

监理单位监理工作能力的疑虑,增强信任感,有利于测绘工程业主对测绘工程监理工作的支持。测绘工程业主通过测绘工程监理实施细则掌握测绘工程监理单位中标接受委托后如何进行测绘工程监理活动、如何履行测绘工程监理合同、采取哪些措施保证合同履行等,在测绘工程监理合同履行过程中,测绘工程业主对测绘工程监理工作进行监督检查是业主的权力,也是必要的管理措施。测绘工程监理实施细则就是监督检查的重要依据。

(四)测绘生产单位实现测绘工程目标的保障

通过测绘工程监理实施细则,测绘生产单位会很清楚测绘工程的监理控制程序与监理方法,在工作中能加强与测绘工程监理的沟通、联系,促进自检工作,完善质量保证体系,提高测绘生产单位整体管理水平。测绘工程监理实施细则中对测绘工程质量的通病、重点、难点都有预防与应急处理措施,对测绘生产单位起着良好的警示作用,能时刻提醒测绘生产单位在作业中应注意哪些问题,如何预防质量通病的产生,避免留下质量隐患或者延误工期。

二、测绘工程监理实施细则的编制要求

(1)测绘工程监理实施细则应由测绘工程专业监理工程师在测绘工程开始前编制完成,必须经过测绘总监理工程师批准。

(2)测绘工程监理实施细则编制依据是:已批准的测绘工程监理方案,与测绘工程项目相关的规范、标准、设计文件和技术资料,测绘工程相关合同等。

(3)在编写测绘工程监理实施细则之前,测绘工程专业监理工程师一定要认真收集并深入研究所收集的测绘工程有关的标准、文件和资料。详细阅读并深刻领会其中的内容,并贯穿于测绘工程监理实施细则中。

(4)测绘工程监理实施细则应当符合测绘工程项目专业特点和测绘工程监理方案的要求,具有可操作性。

三、测绘工程监理实施细则的主要内容

(1)测绘项目的概况(包括测绘项目范围、生产流程、成果形式、实施单位、工期要求和质量要求,以及监理的范围、任务等)。

(2)测绘工程监理实施细则的编制依据。

(3)测绘工程监理工作的流程。

(4)测绘工程监理工作的关键点与控制目标。

(5)测绘工程监理工作的方法及措施。

(6)测绘工程监理工作绩效考核要求。

(7)测绘工程监理提交成果。

在测绘工程监理工作实施过程中测绘工程监理实施细则应根据实际情况进行补充修改和完善。

四、测绘工程监理方案、监理规划与监理实施细则的关系

测绘工程监理方案是测绘工程监理单位为获得测绘工程监理任务在投标阶段编制的测绘项目监理方案性文件,它是测绘工程监理投标书的组成部分。编制测绘工程监理方案的目的是使测绘工程业主单位相信采用本测绘工程监理单位的监理方案,能实现测绘工程业

主单位的投资和意图,从而赢得竞争,获取测绘监理任务。测绘工程监理方案是为测绘监理单位经营目标服务的,起着承接测绘工程监理任务的作用。

　　测绘工程监理规划是在测绘工程委托监理合同签订后制订的,是用来指导测绘工程监理工作开展的指导性文件。由于测绘工程监理规划是在明确了测绘工程监理委托关系,以及确定了测绘项目总监理工程师以后,在更详细的占有与测绘工程项目有关资料的基础上编制成的,所以它包括的内容与深度比测绘工程监理方案更为具体和详细,它起着指导测绘工程监理机构内部自身业务工作的作用。

　　测绘工程监理实施细则是在测绘工程监理规划的指导下,在落实了各测绘专业监理的责任后,由测绘专业监理工程师编写,并经测绘工程总监理工程师批准,针对测绘工程项目中某一方面监理工作的操作性文件。它起着具体指导测绘工程监理人员作业的作用。因此,测绘工程监理实施细则比测绘工程监理规划更详细、更具体、更具有操作性。

　　测绘工程监理方案、监理规划、监理实施细则的关系见表 10-1。

表 10-1　测绘工程监理方案、监理规划、监理实施细则的关系

监理文件名称	编制对象	编制人员	编制时间和作用	内容		
				为什么做	做什么	如何做
监理方案	项目整体	监理单位技术负责人	在招标阶段编制的,目的是使业主单位信服,进而获得监理业务。起着"方案设计"的作用	* √	√	
监理规划	项目整体	总监理工程师、监理单位技术负责人批准	在测绘工程委托监理合同签订后制订,目的是指导测绘工程监理工作,起着"初步设计"的作用	√	* √	* √
监理实施细则	某项专业具体监理工作	专业监理工程师、总监理工程师批准	在完善测绘项目监理组织,落实测绘工程监理责任后制订,目的是具体实施各项测绘工程监理工作,起着"细部设计"的作用		√	* √

注:标注√为应做的内容、标注 * 为重点内容。

任务四　实施阶段形成的监理资料

　　随着测绘工程的开展,在测绘工程实施阶段会产生大量的监理资料。这些资料是测绘项目监理组织留下的监理工作记录和痕迹,是测绘工程监理工作情况的真实反映。它不仅是考察、衡量测绘工程监理工作质量和业绩的重要依据,而且也是测绘工程监理单位、测绘工程监理工程师加强自我保护的有效手段,也是测绘工程一旦发生质量缺陷和质量事故等问题后,作为原因调查、事故分析乃至确定责任的重要依据。对于在实施阶段形成的测绘工

程监理资料,测绘工程监理人员要进行全面的收集,认真的整理、分析、研究,妥善的保存和管理,以备查询和上交成果。

测绘工程监理资料应当包括下列内容:

(1)测绘工程生产合同及测绘工程委托监理合同。

(2)测绘工程监理方案。

(3)测绘工程监理规划。

(4)测绘工程监理实施细则。

(5)测绘工程分包单位资格报审表。

(6)测绘工程技术设计书会审会议纪要。

(7)开工/复工报审表及项目暂停令。

(8)测绘项目进度计划。

(9)测绘工程监理工程师通知单、测绘工程监理工作联系单。

(10)监理日记、监理日志。

(11)监理检查记录。

(12)监理月报。

(13)会议纪要(例会纪要、专题会议纪要、其他与测绘工程监理相关的会议纪要)。

(14)来往函件。

(15)质量缺陷与事故的处理文件。

(16)工程变更资料。

(17)索赔文件资料。

(18)测绘工程监理阶段性总结报告。

(19)测绘工程监理工作总结。

一、测绘工程监理工程师通知单

测绘工程监理工程师通知单简称监理通知单,是测绘工程监理工程师在检查测绘生产单位作业过程中发现的问题后,用通知单这一书面形式通知测绘生产单位并要求其进行整改的函件,整改后再报测绘工程监理工程师复查。监理通知单一旦签发,测绘生产单位必须认真对待,在规定期限内按要求进行落实整改,并按时回复。监理通知单具有强制性、针对性、严肃性的特点。

二、监理日记与监理日志

(一)监理日记

监理日记是记录每天发生的实际情况,时间要有连续性,内容要求详细、如实、全面,文字书写要整齐、规范,条理分明。监理日记由各专业监理人员填写,记录人签名之后,要及时提交总监理工程师审查,以便及时沟通和了解,从而促进监理工作有序地开展。

(二)监理日志

监理日志是以测绘工程监理工作作为记载对象,对测绘项目每天总的情况进行记录。监理日志应由专人负责从测绘工程监理工作开始到结束逐日记载,记载的内容应保持连续性和完整性。监理日志的内容一般包括工作日期和具体时间、工作地点和工作内容、发现的问题及出现的事件、处理的方法或采取的措施、对出现的问题处理的结果等。

三、会议纪要

在测绘工程监理过程中，为了协调各方关系，解决作业现场出现的各种问题，经常由测绘监理单位组织现场会议。开会前要做好会议准备工作，对主要议题及主要内容应列出提纲。要求与会人员既了解现场实际，又能够现场决策。在会议结束之后将会议记录形成会议纪要，经测绘工程总监理工程师审阅，与会各方代表会签。一方面要发放到各相关单位，且签收；另一方面要作为存档资料保存、备查。

会议纪要的内容应准确如实，简明扼要，应包括以下内容：测绘项目名称、会议名称、会议时间、地点、业主单位、测绘工程监理单位、测绘生产单位、参加人员、主持人、会议主要内容或研讨的问题、对问题的建议和意见、本次会议所处理问题的解决方案、下一步工作的布置、工作指示等。

（一）监理例会

监理例会是由测绘工程总监理工程师定期组织并主持的例行工作会议。会议主要是履行各方沟通情况，交流信息，协调处理主要事项；研究解决合同履行中存在的各方面问题；检查上次例会议定的事项的落实情况，分析未完事项的原因；工程进度情况；确定下一阶段进度目标；通报前一阶段存在的质量问题及改进要求，通报工程质量和技术方面有关问题；安排近期工作等。

（二）专题会议

专题会议是由测绘工程总监理工程师或者测绘工程监理工程师根据需求及时组织的解决生产过程中的各种专项问题的会议，也包括专业性协调会议。例如，对于技术等方面比较复杂的问题，就要以专题会议的形式进行研究和解决。专题会议需要进行详细记录，这些记录只作为变更令的附件或者留档备查。专题会议的结论，测绘工程总监理工程师应按指令性文件发出。

四、监理检查记录

测绘工程监理的各种检查记录都是测绘工程监理工作所留下的原始重要资料，也是测绘工程监理工作成效和业绩的主要证明。

监理检查记录一般包括监理巡视记录、旁站检查记录、监理抽查记录、监理测量记录、工程照片和声像资料，以及其他检查记录等。

五、来往函件

测绘工程监理工作有关来往函件包括两大类：一类是测绘项目内部管理的来往文件，即根据相关合同条款及相关规定在履约过程中遇到的具体问题以具有法律效力的来往函件的形式阐明各自立场和观点；另一类是测绘项目外部各行政部门审批的函件，即测绘工程业主单位与各级相关主管部门关于测绘项目指导性的信函，如请示、汇报、通知、批复、批示等。

与测绘生产单位、测绘工程业主单位、政府部门及其他相关部门有关的函件是以测绘项目为中心的多方之间联系的重要依据，以函件形式沟通的问题多为重要问题。所以，要求函件的起草要标准规范，函件一般由标题和正文构成，而正文又由开头、主体、结语组成；函件

的签发、送达和签收要标准规范;函件的整理归档更要标准规范。

六、监理月报

监理月报应由测绘工程总监理工程师组织编制,签认后报测绘工程业主单位。

根据测绘项目的具体情况,监理月报的时间间隔可以调整为周、半月或季度等。

监理月报应包括以下内容:

(1)本月项目概况。

(2)本月实际完成情况与计划进度比较,并对进度完成情况及采取措施效果进行分析。

(3)本月项目质量情况分析及采取的质量措施。

(4)处理合同的变更、延期、费用索赔等事项。

(5)下月监理工作的重点。

(6)上期月报问题落实情况。

(7)其他相关事宜。

七、事故报告

测绘工程生产过程中如果出现了重大的质量、安全等事故,现场监理工程师在以口头形式向上级有关部门汇报以后,还要及时地以书面形式汇报事故发生的具体情况,形成事故报告。

事故报告主要对出现的重大事故进行说明,内容主要是工程概况,事故发生的原因、时间、地点、部位、内容,造成的危害及损失,对测绘工程直接、间接影响的程度,处理依据和方法等。

八、阶段监理工作小结

阶段监理工作小结是某一阶段监理工作的总结。包括监理做了哪些工作,质量和进度控制如何,处理了哪些具体的问题,下一步工作计划等。测绘工程监理人员随时做好监理工作的阶段小结,既是对过去工作的总结和回顾的文字资料,也是测绘工程监理组织发现问题、总结经验、安排部署下一步监理工作的依据,有利于测绘工程监理工作的正常开展,改善测绘工程监理能力、提高测绘工程监理水平的重要手段。

■ 任务五　阶段性监理报告的编写

阶段性监理报告是反映测绘项目监理阶段性成果的重要记录,是测绘工程监理单位对测绘生产单位的工程质量和进度阶段性的综合评述。测绘生产过程中一般每个生产工序都应出具一份阶段监理报告,即对该工序成果做出的质量评价,或按照某一特定时间段出具监理报告。

阶段性监理报告应由测绘工程总监理工程师编写,签认后报给测绘工程业主和测绘工程监理单位。

一、编写阶段性监理报告的作用

(一)测绘工程业主确认测绘工程监理工作的依据

阶段性监理报告是测绘项目监理组织对测绘工程监理工作阶段性的总结,是测绘工程总监理工程师阶段性的,或者定期的向测绘工程业主反映测绘工程监理在质量控制、进度控制、合同管理及组织协调等方面工作情况的书面报告,是测绘工程业主了解、确认、监督测绘工程监理工作的重要依据,也是测绘工程监理争取测绘工程业主理解、信任和支持的重要手段。

(二)测绘工程监理单位监管测绘工程监理工作的手段

测绘项目监理部是测绘工程监理单位派到测区的基层组织,阶段性监理报告编写完成后还应上报测绘工程监理单位。测绘工程监理单位就可以通过阶段性监理报告了解测绘项目监理部对测绘项目的服务质量、对测绘项目目标的控制情况、对测绘工程监理考核的规范程度、规避责任风险的能力。测绘工程监理单位对阶段性监理报告的审核是一项非常重要的工作,是对测绘监理工作实施监管的重要手段,也是树立测绘监理单位形象的关键所在。

(三)测绘工程监理工作改进和完善的指导

阶段性监理报告是测绘工程监理项目部阶段性的工作总结,也是对下一阶段监理工作的计划和部署。通过总结过去,对今后测绘工程监理工作进行改进和完善具有指导作用。

二、阶段性监理报告编写的基本要求

测绘工程监理人员应及时收集并记录测绘工程实际产生的有效信息和数据,进行科学地统计、分析,确保数据可靠,体现阶段性监理报告的科学化和专业化。

阶段性监理报告是监理资料的一种,要求阶段性监理报告编写应能客观、公正、真实、准确、全面地反映测绘工程项目进展情况和测绘工程监理实施情况。

阶段性监理报告中要充分体现该阶段测绘工程监理主要做了哪些工作,发现和解决了哪些问题,以及采取的措施和提出的意见和建议。编写应做到有分析、有比较、有措施、有建议。

阶段性监理报告要明确下一步测绘工程监理的工作任务,明确测绘工程监理工作的重点、难点和关键之处。

阶段性监理报告的编写要层次分明、语言简洁、重点突出;阶段性监理报告的内容要完整、有效,体现报告的标准化和规范化;为使阶段性监理报告更加直观、简要,可以附上必要的图表和照片等。

三、编写阶段性监理报告的基本内容

(1)工程概况:介绍测绘项目基本情况、测绘生产单位基本情况以及测绘工程监理单位的投入情况等。

(2)进度情况:该阶段进度情况与计划进度比较,进度控制采取的措施等。

(3)质量控制:阶段性成果的完成质量,测绘工程监理在该测绘生产阶段中采取的质量控制措施,对于发现问题采用何种方式处理,对问题的处理结果以及今后对质量控制采用的方法手段等。

（4）阶段性监理结论：对该阶段测绘成果做出公正、客观的评判，以及下一道工序作业的需求等。

（5）建议：对原有工作计划部署中存在的问题提出合理化建议，对出现的问题提出整改要求等。

任务六　监理总结报告的编写

测绘工程监理完成以后，编写测绘工程监理工作总结是测绘工程监理单位履行测绘工程委托监理合同的一项重要工作内容。测绘项目总监理工程师要结合测绘工程的实际，组织各专业监理工程师全面、真实地对测绘工程监理服务过程进行总结，正确认识与评价测绘工程监理工作的成效，以完成测绘工程监理总结报告的编写。测绘工程监理总结报告是测绘工程监理单位对自身监理工作的总结回顾，是测绘工程监理成果的体现。

一、编写测绘工程监理总结报告的要求

（1）测绘工程监理总结报告的语言要精炼，专业术语要准确。

（2）测绘工程监理总结报告应全面、客观、真实地反映测绘工程监理工作的全过程。

（3）测绘工程监理总结报告应阐述测绘工程监理组织为实现质量控制、进度控制、投资控制等监理目标，所采用的监理手段；总结测绘工程监理过程中对质量和进度等方面出现问题的处理情况。

（4）测绘工程监理总结报告要对测绘工程监理效果进行综合描述，客观准确地反映测绘成果质量状况及对测绘工程监理服务质量的评定。

（5）测绘工程监理总结报告中对各项监理指标的统计要准确，质量参数要能够逐级溯源，测绘成果存在的问题归纳要全面。

二、测绘工程监理总结报告的主要内容

测绘工程监理总结报告一般包括工程概况、监理组织和人员设备投入、测绘工程监理合同履行情况、测绘工程监理工作的措施，以及效果、测绘工程质量评价、存在的问题与建议等方面的内容。

（一）工程概况

测区的基本情况、地理位置；测绘项目种类和工程量情况、测绘工程业主单位名称、测绘工程生产单位名称、测绘工程监理单位名称、进入测区时间、历时天数、工程进度及完成情况。

（二）测绘工程监理组织机构和人员设备投入情况

（1）建立的测绘工程监理组织机构形式、测绘工程监理组织机构图，建立的工作制度，测绘监理工作程序。

（2）测绘工程监理人员一览表。

（3）测绘工程监理设备投入情况，如 GPS 接收机、全站仪、水准仪、计算机等。

（三）测绘工程监理合同履行情况

（1）对测绘项目实施总的评价。

（2）目标控制情况，目标完成情况。

（3）关于质量、进度、投资控制情况。

（4）对合同和信息文档资料管理情况。

（5）测绘工程监理工作开展的情况，如定期召开监理例会；检查各项工作的完成情况；协调解决存在的问题、对存在的问题提出的监理建议；不定期地向测绘工程业主提交阶段性的总结等。

（四）测绘工程监理工作的措施以及效果

着重说明测绘工程监理对测绘项目的目标是如何进行有效控制的，采取何种措施和技术方案，要有相应的统计数据和依据资料。根据测绘工程监理合同和测绘工程监理方案、监理实施细则规定的基本工作内容，采取了哪些措施来保证测绘工程监理目标的实现。

1. 质量控制的措施和效果

测绘工程质量控制是测绘工程监理工作的核心内容。测绘工程监理总结报告中要体现督促测绘生产单位建立完善的质量体系和质量责任制，坚持全程监理，重视关键环节的监管，重点阐述测绘工程监理是如何按照国家测绘标准、规范、合同依据，督促测绘生产单位实现合同约定的质量目标的；采取的有效措施有哪些；达到了什么样的质量控制效果，质量验收情况等。

2. 进度控制的措施和效果

测绘工程监理总结报告中要详细地说明项目总进度计划、分项工作进度计划及阶段工作计划，以及其落实情况和进度控制效果；如何掌握作业进度的变化，做出进度预测；如何督促测绘生产单位调整作业力量，提高作业效率，保证进度指标的实现，从而实现测绘工程监理进度控制目标等情况。

3. 投资控制的措施和效果

测绘工程监理总结报告中对于严格按照测绘项目款支付程序进行项目款支付的情况；对实际支付情况和计划支付情况进行分析比较，得出的结论；测绘工程监理是如何采取措施确保测绘工程业主的投资计划目标得到保证的情况。

4. 合同管理情况

协助测绘工程业主单位拟订各测绘合同的条款，参与测绘合同的讨论和制订工作的情况；测绘项目开始时，测绘工程监理人员认真学习，研究测绘合同条款的情况；对测绘合同确定的测绘项目的质量、工期、成本等执行情况进行及时分析和跟踪管理的情况；测绘合同执行有偏差时，提出何种意见，如何要求改进的情况；督促参与测绘项目各方严格履行测绘合同的情况。

5. 信息及文档管理情况

在整个测绘项目实施过程中，产生多少种、多少份文件或文档，主要包括：合同文件，监理设计方案、监理实施方案，监理通知单、停工通知单，专题报告、备忘录、联系单，会议纪要，检查记录，监理周报、月报、阶段总结报告，成果文档，监理建议等；文档的签发、送达及签收情况，信息的收集、整理、归档、管理及快速查询情况。

6. 组织协调情况

协调测绘工程业主和测绘生产单位各方面关系的情况。参加测绘项目工作例会，及时全面掌握情况。召开测绘工程监理例会、专题会议、协调会议的情况等。

(五)测绘工程质量评价

主要包括:测绘工程各分项工程完工后分别组织验收的情况,各分项工程实现了测绘合同约定内容的情况,测绘成果是否符合相关技术标准和要求,系统使用情况,满足用户的实际需求情况等。

(六)存在的问题与建议

(略)

(七)各种附表

主要包括:测绘生产单位工作进度一览表、测绘生产单位提交成果资料一览表、测绘工程监理检测数据精度统计一览表、成果存在的问题一览表、质量评定表等内容。

■ 项目小结

本项目的内容主要包括测绘工程监理方案、监理规划、监理实施细则的编写依据、作用、内容及编写的要求等;测绘工程监理过程中形成的监理资料、阶段性监理报告及其编写的内容及要求、测绘工程监理工作总结报告的编写内容及要求等。

■ 思考题

1. 测绘工程监理方案的作用有哪些?

2. 编写测绘工程监理方案的要求有哪些?

3. 测绘工程监理方案的主要内容是什么?

4. 测绘工程监理规划的作用是什么?

5. 测绘工程监理规划的内容是什么?

6. 测绘工程监理规划的编制依据是什么?

7. 测绘工程监理实施细则的主要内容是什么?

8. 测绘工程监理实施细则编制的依据是什么?

9. 测绘工程监理实施细则编制的要求是什么?

10. 测绘工程监理月报的主要内容是什么?

11. 简述测绘工程监理工作总结的内容及编写要求。

项目十一　测绘工程监理实例

测绘工程监理实例

前面 10 个项目介绍了测绘工程监理的基本理论知识、方法和要点,是进行测绘工程监理的基础。测绘工程不同,作业方法就不同,监理工作的质量检查项和要求自然也就不同。本项目介绍几个测绘工程监理的实例,从应用的角度,进一步对测绘工程监理做讲解。

感动中国—国测
一大队老队员

■ 任务一　国家西部测图工程某区域外业监理

一、工程简介

(一)工程背景

国家西部 1:50 000 地形图空白区测图工程是经国务院批准,由国家测绘地理信息局组织实施的一项重大测绘项目。该工程以现代高新测绘技术手段,历时数年完成了 200 余万 km² 地形图测图及数据建库任务,为全社会提供可靠、适用、及时的基础地理信息服务。

西部测图工程任务量重、覆盖范围广、技术难度大,各区域差异变化大,本任务所述测图区域在青藏高原腹地,自然环境相当恶劣,既有艰难险阻,又有生命禁区。国家测绘地理信息局在测图工程一开始就提出了"技术创新、成果创新、管理创新、安全创新、工程创优"的指导方针,并且首次实行测绘工程监理制。

(二)监理区域工程概况和任务量

本监理区域测图工程是整个测图工程中的一部分,面积约 18 万 km²。行政隶属于西藏那曲地区、阿里地区、日喀则地区、林芝地区、昌都地区和山南地区。

该区域测图采用基于稀少控制点的高分辨率卫星影像测图技术,测区多源数据多重覆盖,是整个技术创新的一部分。由于测区湖泊众多,北部有大片无人区处于挑战生命极限的高寒缺氧地带,交通极为困难,安全工作极为严峻。

该区域测图工程的外业任务量为:

(1)按照施测 GPS D 级点的观测要求进行像片控制点测量,共 26 点。

(2)按照施测 GPS D 级点的观测要求进行用于影像区域网平差成果精度检查的检查点测量,共 15 点。

(3)构架航线控制点测量,精度满足 IMU/GPS 辅助空三测量 1:10 000 航摄区域网平差和成图精度要求,构架航线共 3 条。

(4)标准分幅 1:50 000 地形影像调绘 401 幅。

(5)标准分幅 1:50 000 地表覆盖调绘 401 幅。

(6)影像解译样本制作。

(7)景观图片采集制作。

二、主要的质量检查项及检查方法

进度控制、投资控制、合同管理、信息管理、组织协调等监理工作涵盖测绘工程生产作业全过程,在不同的测绘工程中开展起来没有多大差别,完全应该遵循前面已经讲到的方法和原则去做工作。但是质量控制因工程种类不一样,生产流程不一样,技术要求不一样,其质量关键点也不一样,因此主要的质量检查项及检查方法也不一样,从本实例开始,主要讲不同测绘工程的主要质量检查项及检查方法。

(一)主要的质量检查项

本工程主要的质量检查项见表11-1。

表11-1　西部测图工程监理质量检查项

监理名称	质量检查项	检查子项
国家西部1∶50 000 地形图空白区 测图工程××区域工程监理	控制测量	1. 像片控制点测量*
		2. 检查点和精度检测点测量*
		3. GPS 观测数据
		4. 外业观测手簿和点之记
		5. 仪器设备鉴定书
	地形图调绘	1. 像片规格和影像质量
		2. 地形图调绘及清绘(包括图外整饰)*
		3. PDA 外业采集数据或补测数据*
		4. 本实施单位测区外围的接边*
	地表覆盖调绘	1. 像片规格和影像质量
		2. 地表覆盖调绘及清绘(包括图外整饰)*
		3. 本实施单位测区外围的接边*

注:表中带"*"号者为应当进行旁站监理的关键点和关键工序。

监理中进行质量控制时,除对表11-1监理项目的生产作业过程质量、作业规范性等进行检查外,对形成的成果资料必须进行过程质量抽查,即对作业过程进行平行检验。对成果质量抽查中发现的作业过程存在的质量问题做出符合或不符合项目要求的结论,不进行质量评定。

质量控制工作涵盖生产作业全过程和工程承担单位的两级检查,其中旁站监理和过程成果抽查不少于10%。

(二)检查方法

1. 控制测量

1) 像片控制点测量

(1)结合影像检查点位在控制区域网中布设的合理性、点位在各影像上的清晰度。

(2)结合旁站监理和点之记查看点位是否满足 GPS 观测条件。

(3)检查控制像片规格和参数是否满足专业技术设计书要求。

(4)检查刺点像片的整饰质量。

2）检查点和精度检测点测量

（1）检查点位布设的合理性和影像上的清晰度。

（2）结合旁站监理和点之记查看点位是否满足 GPS 观测条件。

（3）检查控制像片规格和参数是否满足专业技术设计书要求。

（4）检查刺点像片的整饰质量。

3）GPS 观测数据

（1）结合旁站监理和外业观测手簿检查观测操作是否得当，观测时段长度是否符合要求。

（2）通过软件检查卫星截止角、采样间隔、观测时段长度是否符合要求，观测数据的质量是否满足要求。

4）外业观测手簿和点之记

（1）查看手簿和点之记填写内容的齐全性。

（2）通过查看数据，检查手簿填写内容和实际情况的相符性、填写的正确性。

（3）结合旁站监理或者刺点像片查看点之记内容的正确性。

5）仪器设备鉴定书

（1）查看工程所用的仪器是否全都有相应的鉴定书。

（2）查看鉴定书日期，判断仪器使用是否全都在有效期内。

2. 地形图调绘

1）像片规格和影像质量

（1）检查调绘像片尺寸和比例尺是否符合专业技术设计书要求。

（2）检查调绘像片影像质量是否满足要求，可否用于地形图调绘。

2）地形图调绘及清绘

（1）结合旁站监理或者收集到的辅助资料，对照地表覆盖调绘片查看地物、地貌调绘的全面性与正确性，地物、地貌综合取舍的合理性，植被、土质符号配置的准确性与合理性，地名注记内容的准确性、完整性。

（2）各类说明、注记等内容的完整性与正确性。

（3）整饰是否符合要求。

3）PDA 外业采集数据或补测数据

有的重要地物是在影像获取后新增的，也有的重要点状地物和线状地物在影像上无法判读，就需要手持 GPS+PDA 补测或者采集。这部分数据相当重要，重点要检查：

（1）数据格式是否符合要求。

（2）在调绘片上的示意位置是否明确标绘。

（3）与其他地物的相对关系是否表达清楚。

4）本实施单位测区外围的接边

西部测图工程相当浩大，参加的工程实施单位众多，来自全国各地。由于不同的认知习惯和对项目总体技术要求的理解上的细微不同，会产生风格上的差别，因此要重视本实施单位与其他实施单位测图区域之间的接边，务求消除接边差别。

3.地表覆盖调绘

1)像片规格和影像质量

(1)检查调绘片尺寸和比例尺是否符合专业技术设计书要求。

(2)检查调绘像片影像质量是否满足要求,可否用于地表覆盖调绘。

2)地表覆盖调绘及清绘

(1)结合旁站监理或者收集到的辅助资料,对照地形图调绘片查看地表覆盖调绘的全面性、正确性。

(2)分类代码的正确性。

(3)图斑取舍的符合性。

(4)图外整饰的符合性。

3)本实施单位测区外围的接边

由于不同的认知习惯和对项目总体技术要求的理解上的细微不同,各工程实施单位之间会产生个别三级类地表覆盖的差异,因此要重视接边,消除差异。

三、监理组织与监理实施方案要点

(一)监理组织

国家西部 1∶50 000 地形图空白区测图工程,因为交通极为困难,大部分地区没有道路,而且湖泊沼泽遍布,有的地方只可通过一次,地表压过后再不能由原路返回;另外,生活和油料供应也相当困难。面对这种情况,只能挑选优秀的监理工程师,做好各方面扎实有效的培训,由跟随工程实施单位的监理小组做全方位监理。

为了圆满完成该测图工程区域的监理任务,监理单位成立了监理组,设总监理工程师、总监理工程师代表、监理小组三级组织机构(见图 11-1)。

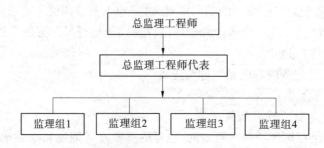

图 11-1　西部测图工程监理组织结构

按照监理区域和参与生产的工程承担单位数量,设立了 4 个监理组,并在项目启动前将监理人员名单和资质报国家测绘地理信息局西部测图工程项目部备案,根据工作需要在实施监理前对所有人员进行了培训,并且配置了相应的技术文档和个人装备。

(二)监理实施方案要点

本次监理分组较多,时间较长,为了统一方法和尺度,甚至为了监理材料格式的一致性,监理单位反复研读了测图工程技术专业技术设计书以及有关要求和规定,编写了操作性较强的监理实施方案。方案中设定了监理任务和目标,详细阐述了监理内容、监理原则和方法,明确了监理工作质量控制的依据和本测图工程特有的质量检查关键点,制订了旁站监理的比例和成果质量抽查的比例。方案中对监理组织机构及各级人员职责进行了确定,对监理的设备投入、人员装备、安全要求做了细致具体的要求。

四、本工程独特的监理内容

本工程监理区域在青藏高原腹地，人烟稀少，生活补给非常困难。区域内天气变化无常，高寒缺氧，通往测点的方向几乎没有道路，沼泽遍布，通行条件极差，测绘人员和监理人员爬冰卧雪，时时挑战生命极限，安全问题相当突出和重要。安全控制成为本工程独特的监理内容。监理人员从工程实施单位的安全组织和机制、安全制度和保障措施、应急预案和安全知识培训、安全设施配置和日常行为等各方面严格监理，毫不松懈，在工程实施单位同样高度的重视下，本测图工程监理区域未发生任何安全事故。

五、监理结论

(一)监理工作结论

本区域监理工作从 2008 年 5 月开始到 2008 年 12 月底结束，历时 8 个月。监理工作内容齐全，监理方法科学严密，监理工作量达到了监理实施细则的要求，保证了项目生产的有序性和可控性，使成果质量达到了西部测图工程的总体质量要求。监理成果齐全，监理目标得到了稳步实现。

(二)对受监理工程的结论

国家西部 1∶50 000 地形图空白区测图工程××区域测图工程成果数量齐全，质量特性符合项目设计和专业技术设计书要求；项目生产过程中人员、仪器设备、成果和资料安全无事故；工期进度符合合同要求；投资满足任务数量、任务质量和合同工期的要求。

六、监理工作记录统计

监理实施过程和结束后产生的各种表格、文档和报告，是监理工作的真实反映，能够追溯监理过程全貌。本测图工程监理工作记录统计如表 11-2 所示。

表 11-2　西部测图工程监理工作记录统计

序号	监理文档和表格项	各项数量(份)	说明
1	工程承担单位现场机构及人员统计表	22	
2	作业人员资质登记表	15	
3	管理规章制度登记表	3	
4	质量保障措施运转监理表	15	
5	管理规章制度执行情况监理表	5	
6	会议签到表及监理会议纪要	4	
7	现场仪器设备登记表	25	
8	仪器设备出场记录表	5	
9	监理日志	425	
10	旁站监理表	126	

续表 11-2

序号	监理文档和表格项	各项数量(份)	备注
11	监理工程师通知书	14	
12	现场指令	9	
13	监理协调记录表	16	
14	生产进度监理表	27	
15	监理工作量统计表	21	
16	成果质量抽查表	111	
17	监理月报	14	
18	监理信息文件收件登记表	4	
19	监理信息文件发放登记表	3	
20	监理简报	4	
21	监理工程师报告	11	
22	监理工程师请示	4	
监理文档和表格合计		883	

任务二　某市基础地理信息系统建设数据采集与成图工程监理

一、工程简介

(一)工程背景

城市基础地理信息系统是城市规划、建设和信息化管理的重要基础设施,它助推着城市的现代化进程,数据采集是系统建设的重要基础工作。某市为获得全市域同期最新的1∶2 000基础信息数据,加快基础地理信息系统建设,市国土资源局组织实施了"市基础地理信息系统建设1∶2 000比例尺数据采集与成图工程",该工程分一期和二期两个标段进行。为保证工程可控、有序,各项指标达到要求,总体工程如期完成,对该测绘工程实施了监理。

(二)工程概况和任务量

该市下辖1个国家级火炬高新技术产业开发区,5个街道办事处,18个镇,面积约1 800 km²,地形以平原为主,地势中部高亢,四周平坦,平原地区自西北向东南倾斜。基础地理信息系统建设项目1∶2 000数据采集与成图范围为该市全市域,测绘工作内容为DOM、DEM和DLG(3D)数据采集与制作,该工程从北到南分两期完成。该工程采用的平面坐标系统为××市统一坐标系统和1980西安坐标系统两套,高程基准为1985国家高程基准,基本等高距:平地、丘陵地为1 m,山地、高山地为2 m。

测区已有覆盖全域的GPS D级点、GPS E级点,并且布测有三等水准路线。采用航摄资料摄于工程开展当年,覆盖全市域。这两个资料都经过权威检验部门检验。

该区域测绘工程的任务量为：

（1）测区踏勘，对已提供资料进行检核，踏勘分析后对密度不够的区域加密控制点，以便进行像控点测量。

（2）覆盖全市域的像控点布设与联测。

（3）覆盖全市域的空三加密测量。

（4）覆盖全市域的1∶2 000地形图调绘与地物补测。

（5）覆盖全市域的1∶2 000 DOM数据采集与制作。

（6）覆盖全市域的1∶2 000 DEM数据采集与制作。

（7）覆盖全市域的1∶2 000 DLG数据采集、编辑与入库。

二、主要的质量检查项及检查方法

（一）主要的质量检查项

本工程主要的监理质量检查项见表11-3。

表11-3　基础地理信息系统建设数据采集与成图工程监理质量检查项

监理名称	质量检查项	检查子项
××市基础地理信息系统建设1∶2 000比例尺数据采集与成图工程监理	踏勘与控制点检核、加密	1. 踏勘报告和控制点检核报告
		2. 新作点的点位质量（选点和埋石）
		3. 新作点的数据质量（观测和计算）
		4. 仪器设备鉴定书
	外业调绘	1. 调绘底图的清晰度
		2. 地理精度（地物、地貌的表达、注记内容）
		3. 属性精度（地物地貌性质说明、有关注记）
		4. 本实施单位测区外围的接边
	像控点测量	1. 布点质量
		2. 数据质量
		3. 整饰质量
	空三加密测量	1. 布点质量
		2. 数据质量
	数字高程模型DEM	1. 空间参考系和格网间距
		2. 高程精度
	数字正射影像DOM	1. 坐标系统
		2. 平面精度
		3. 影像质量
	DLG数据	1. 坐标系统和高程基准
		2. 位置精度
		3. 要素的完备性和属性的正确性
		4. 逻辑一致性
		5. 表征质量
	附件质量	1. 元数据
		2. 文档资料

(二)检查方法

1. 踏勘与控制点检核、加密

1)踏勘报告和控制点检核报告

(1)查阅踏勘报告和控制点检核报告,掌握测区情况。

(2)细致查看控制点检核对比情况,分别对已有控制点在平面和高程方面的检核分析进行检查。

2)新作点的点位质量

因密度不够或检核有问题,需要重新做控制点,这时就要对新布测的点进行检查,首先要查点位质量,重点查:

(1)点位布设密度是否合理。

(2)点位上的观测条件。

(3)点之记内容的齐全、正确性。

(4)标石类型和标石埋设的规范性。

(5)标石质量。

(6)标志类型和规格的正确性。

(7)标石坑位的规范性和尺寸的符合性。

3)新作点的数据质量

新作的控制点除检查点位质量外,更重要的是对数据质量的检查,本测绘工程检查重点是:

(1)观测质量:结合观测手簿查观测方法和所执行的技术指标是否符合专业技术设计书和有关规范的规定,观测数据是否完整,数据质量检验是否符合要求。

(2)计算质量:各项验算项目的完整性,方法的正确性,各项指标的符合性。

4)仪器设备鉴定书

(1)查看工程所用的仪器是否全都有相应的鉴定书。

(2)查看鉴定书日期,判断仪器使用是否全都在有效期内。

2. 外业调绘

1)调绘底图的清晰度

本测绘工程专业技术设计书对调绘底图没有硬性的规定,调绘地图原则上"可利用航测数字化原图套合 DOM 影像来制作,也可以直接在航测数字化原图上进行调绘""在建筑密集区视要素情况可将 1∶2 000 图幅等分或局部放大至 1∶500 或 1∶1 000 比例尺作为外业调绘工作底图"。因此,检查时重点放在图面的清晰程度和负载量大小上,看是否关闭了无关的层,以是否易于辨识外业补测和修正线划为标准。

2)地理精度

(1)地物、地貌调绘的全面性及正确性,本测绘工程尤其关注了房檐改正。

(2)符号配置的准确合理性。

(3)名称注记内容的正确性、完整性。

3)属性精度

各类地物、地貌性质说明,以及说明文字、数字注记等内容的完整性及正确性。

4)本实施单位测区外围的接边

由于本测绘工程成果多、面积大,一、二期工作由两家单位分别完成,为保证成果的统一,不同单位间的接边,作为监理的重点工作列入监理实施方案。

3. 像控点测量

1)布点质量

(1)区域网点布设是否符合专业技术设计书要求。

(2)具体点位选择是否满足观测条件和像片条件。

(3)具体点位在像片上的影像是否清晰。

2)数据质量

(1)观测数据的齐全性,技术指标的符合性(结合观测手簿查)。

(2)各项精度指标的符合情况。

3)整饰质量

(1)控制点判刺的准确性。

(2)像片整饰的规范性和清洁度。

(3)点位说明的准确性。

4. 空三加密测量

1)布点质量

(1)平面控制点和高程控制点是否符合专业技术设计书的要求。

(2)定向点和检查点的设置是否合理、正确。

(3)加密点点位选择是否符合要求。

2)数据质量

(1)内业加密点的平面位置精度和高程位置精度是否符合相关规范和标准的要求。

(2)区域网接边精度。

(3)计算质量。

5. 数字高程模型 DEM

1)空间参考系和格网间距

在检查软件上查起始点坐标、终止点坐标、格网间距,查 DEM 范围是否符合规定。

2)高程精度

(1)检查各类控制点坐标值、高程值是否正确。

(2)通过软件检查高程中误差。

(3)检查图名格网高程值(接边)的符合性。

6. 数字正射影像图 DOM

1)坐标系统

(1)检查图廓坐标是否正确,数字正射影像是否与内图廓线配准。

(2)检查像素起始坐标、结束坐标以及图幅范围是否符合要求。

2)平面精度

(1)检查平面位置中误差。

(2)检查影像接边精度。

3)影像质量

(1)检查影像是否清晰易读,反差是否适中,色调是否均匀一致。

(2)检查影像噪声、污点、划痕等的影响程度。

(3)检查影像地面分辨率是否符合要求。

7. 数字线划地形图 DLG

1)坐标系统和高程基准

(1)检查图廓角点坐标、内图廓线坐标是否符合要求。

(2)检查控制点平面坐标和高程值是否正确。

2)位置精度

(1)检查平面位置中误差和平面接边精度是否符合专业技术设计书规定。

(2)检查高程中误差。

3)要素的完备性和属性的正确性

(1)结合调绘片检查有无要素多余(包括非本层要素,即要素放错层)。

(2)结合调绘片检查有无要素遗漏。

(3)检查要素分类与代码是否符合专业技术设计书要求。

(4)要素属性值的正确性。

(5)数据分层的正确性及完整性。

4)逻辑一致性

(1)检查层的定义是否符合要求。

(2)检查属性项定义是否符合该市地理信息系统数据字典规定(如名称、类型、长度、顺序等)。

(3)检查数据文件名称是否符合专业技术设计书要求,数据文件是否缺失、多余,可否读出。

(4)检查数据文件格式是否符合要求,数据文件存储是否符合要求。

(5)检查"重合""重复""相接""连续""闭合""打断"等拓扑一致性检查项。

5)表征质量

(1)检查几何表达是否符合专业技术设计书要求,如:要素几何点、线、面的表达情况,几何图形异常情况(如极小的不合理面,极短的不合理线等)。

(2)检查地理表达是否符合专业技术设计书要求,如:要素取舍是否合理,图形概括是否恰当,要素关系是否正确,要素方向特征是否正确。

(3)符号规格、符号配置是否符合专业技术设计书规定。

(4)注记规格、注记内容、注记配置是否符合专业技术设计书规定。

(5)图廓整饰是否符合专业技术设计书规定。

三、监理组织与监理实施方案要点

(一)监理组织

本地理信息系统建设工程交通、通信、生活都很便利,针对该测绘工程特点和工序特性,为高效优质完成监理任务,监理单位挑选不同特长的监理工程师,按分工不同,成立了由总监理工程师负总责的监理组织机构(见图 11-2),参加的主要监理工程师情况如表 11-4 所示。

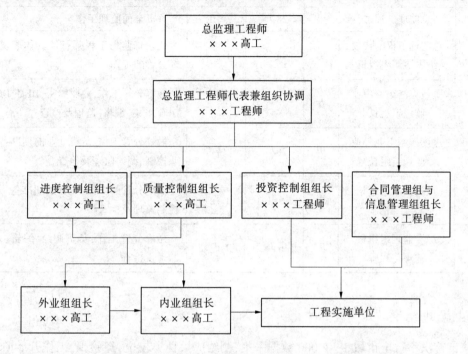

图 11-2　基础地理信息系统建设数据采集与成图工程监理组织结构

本测绘工程中总监理工程师代表兼任组织协调组组长,综合监理组负责合同管理和信息管理。监理单位以委托单位提出的质量标准为宗旨,以委托单位所确定的技术规范和技术方案为依据,以先进的专业技术和完善的监理方案为手段,以严密科学的监理组织机构为实体,诚实守信、公正科学,全面完成了"××市基础地理信息系统建设 1∶2 000 数据采集与成图"工程的全过程监理任务。

(二)监理实施方案要点

为了科学、公正、规范地开展监理工作,达到预期目的,监理单位在认真研究该测绘工程的特点和充分掌握生产组织的基础上,编写了监理实施方案。该方案分六部分:一是总则,阐述了监理目标、监理工作原则、监理依据,即应该通过哪些监理行为,达到什么要求;监理工作应遵守哪些法律法规和规定,遵循哪些原则;监理行为所依据的合同和技术规范、规定和标准。二是监理保障措施,从组织机构、沟通机制和岗位责任制的建立入手落实保障措施,并且明确监理工作纪律。另外,认真收集和分析来自委托方和工程实施单位对于监理工作的反馈意见,加以持续改进。三是主要监理内容,详细规定了各工序、各过程和各种类成果的监理检查方法和原则,具有较强的针对性和操作性。四是本测绘工程监理中质量控制、进度控制和投资控制以及合同管理、信息管理的方法。五是阶段性监理报告和监理总结的编写规定。六是监理工作表格的编制。

表 11-4　参加基础地理信息系统建设数据采集与成图工程的主要监理工程师

姓名	本工程岗位	性别	专业年限	现任职务	具体分工
×××	总监理工程师	男	28 年	高工	负责全面监理工作
×××	总监理工程师代表组织协调组组长	男	25 年	工程师	代表总监理工程师行使具体职责,做好分管的工作
×××	质量控制组兼内业监理组组长	女	28 年	高工	做好分管工作,内业加密、DEM、DOM、DLG 采集、编辑、监理及检查
×××	进度控制组兼外业监理组组长	男	28 年	高工	做好分管工作,负责外业前期准备、外业控制、调绘监理及检查
×××	投资控制组组长监理工程师	男	5 年	工程师	做好分管的工作,负责前期准备、外业控制监理及检查
×××	综合监理组组长监理工程师	男	6 年	工程师	做好分管工作,负责调绘、编辑、入库监理及检查

四、监理结论

该市首次举行全市域 1∶2 000 数据采集,测绘成果种类较全,经验少,工作开始阶段需要摸索,又由于全部生产分两期由两家单位分片完成。在工程实施过程中监理特有的作用充分地发挥了出来,保证了即时发现问题、解决问题,保证了方法、尺度、模式的统一,最终实现了业主的总体目标。对所监理的成果结论如下:

(1)1∶2 000 数字化地形图控制及像控成果,质量符合规范、图式、设计要求。

(2)1∶2 000 数字化地形图 DEM 成果,质量符合规范、图式、设计要求。

(3)1∶2 000 数字化地形图 DOM 成果,质量符合规范、图式、设计要求。

以上成果可以提交验收。

五、监理工作记录统计

本测绘工程监理工作记录统计如表 11-5 所示。

表 11-5　基础地理信息系统建设数据采集与成图工程监理工作记录统计

序号	监理文档和表格项	各项数量(份)	说明
1	监理实施方案	1	
2	监理工作报告	7	
3	工程监理实施计划	3	
4	监理文件发放登记表	1	
5	监理文件收件登记表	1	
6	开(复)工申请表	2	

续表 11-5

序号	监理文档和表格项	各项数量(份)	说明
7	工程进度控制表	4	
8	各类监理工作量统计表	1	
9	规章制度登记表	2	
10	规章制度执行情况监理表	2	
11	质量保障措施运转监理表	2	
12	现场仪器设备登记表	2	
13	报验申请单	1	
14	监理会议纪要	10	
15	监理工程师通知书	6	
16	工程实施单位现场机构及人员统计表	4	
17	作业人员资质登记表	2	
18	工程监理通知书	4	
19	监理问题处理意见	12	
20	监理日志	124	
监理文档和表格项合计		191	

■ 任务三　某市某区城镇地籍数据库建设工程监理

一、工程简介

(一)测绘工程建设的目的和范围

为实现某市"数字国土"的目标,实施国土"电子政务"工程,促进政务公开与市场运作相结合的"窗口"式办公机制的完善,充分开发利用国土资源和资产,实现可持续发展战略,更好地为社会服务,根据该市有关文件要求,市国土资源局决定开展该市城镇地籍数据库建设工程,以支撑该市国土资源管理信息系统的有效运行,进一步管理好土地市场,促进该市的经济协调发展。

本次城镇地籍数据库建设的内容主要是 1∶500 地形图全野外数字化测绘、权属现状调查和地籍测量、地类调查以及地籍数据库建设。1∶500 地形图全野外数字化测绘由定制软件成图。由于该市的测量控制点保护较好,修复较快,各等级控制点精度和密度均满足1∶500 地形图全野外数字化测绘和地籍测量,此次测绘工程基本不进行控制测量。该市辖5 个区,建库范围约 200 km²,按辖区分 5 个标段招标进行建设,并对该工程建设过程实行监理。

(二)该工程的任务量

本工程工作的任务量主要有以下几个方面:

(1)完成地形图测量 21.3 km^2。

(2)完成权属调查 21.3 km^2。

(3)完成土地利用现状调查 21.3 km^2。

(4)完成地籍测量 21.3 km^2。

(5)完成内业数据建库 21.3 km^2。

二、主要的质量检查项及检查方法

(一)主要的质量检查项

城镇地籍数据库建设工程,是一项严谨细致,既牵扯历史又牵扯法律,既要遵循新的技术规定,又要沿用历时形成的资料的工作,其检查项有其固有的特点。本测绘工程的检查项见表 11-6。

表 11-6　城镇地籍数据库建设工程监理质量检查项

监理名称	质量检查项	检查子项
××市××区城镇地籍数据库建设工程监理	已有资料	1. 历史地籍数据
		2. 历史土地利用现状调查数据
	地形图测绘	1. 数学精度
		2. 数据及结构正确性
		3. 地理精度
		4. 整饰质量
	权属调查	1. 准备工作
		2. 界址调查和界址点设置
		3. 权属资料的收集整理
		4. 地籍调查表的填写
	地籍测量	1. 观测质量
		2. 数学精度
		3. 要素质量
	入库前数据	1. 图形数据
		2. 属性数据
		3. 图形数据与属性数据的对应连接关系
	附件质量	1. 各类统计表
		2. 资料整理和各类文档

(二)检查方法

1. 已有数据

1)历史地籍数据

(1)检查历史地籍数据收集是否齐全、连贯。

(2)对照专业技术设计书要求,检查对历史地籍数据的分析运用是否得当。

2)历史土地利用现状调查数据

(1)检查历史土地利用现状数据收集是否齐全。

(2)对照专业技术设计书要求,检查对历史土地利用现状数据的分析运用是否得当。

2. 地形图测绘

1)数学精度

(1)检查图根控制测量精度是否达到专业技术设计书规定。

(2)检查平面位置精度是否达到专业技术设计书规定,包括绝对位置中误差、相对位置中误差和接边精度。

(3)检查高程精度是否达到专业技术设计书的规定,主要是高程注记点、高程中误差。

2)数据及结构正确性

(1)文件命名、数据组织的正确性。

(2)数据格式是否符合专业技术设计书规定。

(3)要素分层的正确性、完备性。

(4)属性代码的正确性。

(5)属性接边质量。

3)地理精度

(1)地理要素的完整性与正确性。

(2)注记的正确性。

(3)地理要素接边质量。

4)整饰质量

(1)符号、线划、色彩质量。

(2)注记质量。

(3)图面要素协调性。

(4)图面、图廓外整饰质量。

3. 权属调查

1)准备工作

权属调查是城镇地籍数据库建设中至关重要的一项工作,为了能够有条不紊、事半功倍地开展工作,必须做好准备工作,监理工程师也必须予以高度关注。准备工作包括:

(1)法律法规和有关规范性文件的收集编辑。

(2)全面扎实的人员培训工作。

(3)权源资料的收集与分析。

(4)地籍预编号和宗地的划分。

2)界址调查和界址点设置

(1)界址调查行为的规范性、符合性。

(2)界址点标志是否符合专业技术设计书规定。

(3)界址点设置是否有利于保存和测量。

3)权属资料的收集整理

结合权属调查表认真审查得到的权属资料,验明资料的完整性、有效性、合法性,理清资

料的种类、件数、页数。

4）地籍调查表的填写

（1）内容是否齐全、正确，数据是否准确。

（2）填写是否规范，是否符合要求。

（3）签章是否齐全。

（4）宗地草图绘制是否符合要求。

4. 地籍测量

（1）观测方法的正确性，观测误差和限差的符合性和正确性。

（2）地籍图上界址点、界址线的平面位置精度是否符合专业技术设计书的要求。

（3）地籍图上地物点平面位置精度是否符合专业技术设计书的要求。

（4）地籍图上地籍要素表示的正确性。

（5）地籍图上地物要素的正确性，各要素的协调性，注记和符号的正确性。

（6）地籍图整饰的规整、正确性。

5. 入库前数据

（1）图形数据检查：包括要素分层的正确性检查、数据要素的完整性检查、精度检查、几何位置接边检查，图层中需表达的内容是否有遗漏或冗余；线状要素的悬挂点、伪结点检查，孤立的点、线要素合理性检查，线回折、硬折角检查；面状要素标识点及面拓扑检查，冗余的多边形碎片检查等。

（2）属性数据检查：包括属性表及属性字段的正确性检查，属性字段顺序检查，各数据记录的完整性和正确性检查，属性接边检查等。

（3）图形数据与属性数据的对应连接关系检查：主要是检查图层中各要素与对应的属性项的表达是否一致等情况。

6. 附件质量

（1）各类统计表的检查：城镇地籍数据库建设会生成许多统计表，应该检查其完整性和正确性。

（2）该测绘工程中会收集到和产生很多资料，根据专业技术设计书的要求，查看资料归集是否规范和符合规定。

三、其他

本测绘工程的监理组织与监理方案要点与本项目任务一的监理组织结构和监理实施方案要点类似，在此不再重复。监理结论和监理记录表格同样略去，此处不再赘述。

■ 项目小结

测绘工程种类很多，不同种类其测绘方式、技术路线、工序生产和质量控制关键点等方面存在很大差异，要求监理人员要有很高的技术水平和宽泛的专业知识。监理人员对特定的测绘工程从设计到实施，再到各不同工序阶段的不同要求和生产特点都要了如指掌，要掌握测绘工程的宏观控制面，也要把握各个工序的关键控制点。监理工作要有预见性和预防措施，要通过旁站监理、技术指导、全面沟通发挥监理的"控制、管理和协调"功能，保证项目生产的有序性和可控性。要针对不同阶段反映出的不同问题,动用各种监理方法,确保测绘工程安全运行,最终达到监理目标的圆满实现。

■ 思考题

1. 大比例尺地形图航空摄影测绘工程监理主要的质量检查项及检查方法有哪些?

2. 怎样进行省级连续运行卫星定位服务综合系统(CORS)建设的监理?

附　录

附表 1　技术设计书监理审查表

测绘项目名称	
设计书名称	
编制单位	

审查意见	测绘工程监理单位： 总监理工程师： 年　月　日
回复意见	测绘生产单位： 项目经理(签字)： 年　月　日
业主审批意见	业主单位(章)： 负责人： 年　月　日

附表 2　测绘工程监理实施计划

编号：

测绘生产单位	

作业工序名称		批　次	

测绘工程监理工程师		参加人数	

测绘工程监理实施时间	年　月　日　~　年　月　日

参加监理人员名单	测绘工程监理分工

年　月　日

注：本表一式两份，测绘工程监理单位、测绘生产单位各一份。

附表 3　测绘项目人员资质登记表

测绘生产单位：　　　　　　　　　　　　　　　　　　　编号：

基本情况(本项由本人填写)				
姓名		性别		贴本人近期 免冠照片
出生年月		学历		
工作年限		职务/职称		
从 业 情 况(本项由单位选择打√)				
在测绘项目中承担的角色	生产管理□　　技术管理□ 检 查 员□　　作 业 员□　　其他□			
上岗培训情况	是□　　　　否□			
从事同类项目的生产经验	有□　　　　无□			
审核情况(本项由单位选择打√)				
测绘工程监理工程师审核意见	属实□　　不属实□			
备注				

测绘生产单位负责人：

年　　月　　日

附表4　测绘生产单位现场机构及人员统计表

测绘生产单位名称：　　　　　　　　　　　　　　　　　编号：

项目	内容	备注
机构设置	项目负责人（　　　　） 技术负责人（　　　　） 质量负责人（　　　　） 安全管理外业检查人员（　　　　　） 设备管理人员（　　　　） 最终检查人员（　　　　） 资料管理人员（　　　　）	（填人名）
人员结构	高级工程师（　　　　） 工　程　师（　　　　） 助理工程师（　　　　） 技　术　员（　　　　） 技 术 工 人（　　　　）	（填人数）
作业组情况		（填作业组数 及专业工序 分组情况）
参与项目总人数		（填人数）
备注		

　　　　　　　　　　　　　　　　　　　　　　　测绘生产单位负责人：

　　　　　　　　　　　　　　　　　　　　　　　　　年　　月　　日

附表 5　测绘作业现场仪器设备登记表

测绘生产单位：　　　　　　　　编号：　　　　　　　　第　页　共　页

序号	仪器设备名称及型号	台(套)	检定情况	序号	仪器设备名称及型号	台(套)	检定情况

备注：

填表人：　　　　　　　　　　　　　　测绘生产单位负责人：

　年　　月　　日　　　　　　　　　　　　　　　　年　　月　　日

附表6 测绘项目投入软硬件登记表

测绘生产单位： 编号： 第 页 共 页

序号	软、硬件名称及型号	数量	检定情况	序号	软、硬件名称及型号	数量	检定情况

备注：

填表人： 测绘生产单位负责人：

年 月 日 年 月 日

附表 7　质量保证体系运转监理表

测绘生产单位：　　　　　　　　　　　　　　　　　　　编号：

序号	监理项目	监理情况	备注
1	技术质量保障组织	健全□　　一般□　　不健全□	
2	生产协调组织机构	健全□　　一般□　　不健全□	
3	人员构成和岗位设置	合理□　　一般□　　不合理□	
4	规章制度	健全□　　一般□　　不健全□	
5	体系运转	正常□　　一般□　　不正常□	
6	管理人员的质量意识	强□　　一般□　　不强□	
7	作业人员的质量意识	强□　　一般□　　不强□	
8	二级检查制度执行情况	好□　　良□　　一般□	
9	二级检查的独立性	独立□　　不完全独立□　　不独立□	
10	二级检查记录的完整性	完整□　　不完整□	
11	验收的规范性	规范□　　不规范□	
12			
13			
14			

测绘工程监理员：

年　　月　　日

附表 8

测绘工程监理通知书

　　＿＿＿＿＿＿＿＿＿＿＿＿ :

　　按＿＿＿＿＿＿＿＿＿ 的安排, ＿＿＿＿＿＿＿＿＿ 测绘项目(　　　　　　)阶

段,根据作业计划,经测绘工程监理项目部研究决定,由 ＿＿＿＿ 同志等 ＿＿＿＿＿＿ 人

组成的 ＿＿＿＿ 监理实施小组,于＿＿＿＿年＿＿月＿＿日赴贵单位对 ＿＿＿＿＿＿＿

＿＿＿＿＿＿＿进行监理工作,请悉知并予以配合。

　　　　　　　　　　　　　　　　　　测绘工程监理单位:

　　　　　　　　　　　　　　　　　　　　年　　月　　日

注:1.附测绘工程监理实施表;

　　2.本表一式两份,测绘监理单位、测绘生产单位各一份。

附表9　测绘生产作业场所监理表

测绘生产单位：　　　　　　　　　　　　　　　　　　　　　　　　编号：

序号	监理项目	监理情况	备注
1	资料整洁状况	整洁□　　不整洁□	
2	资料归档情况	符合归档□　　不符合归档□	
3	仪器定期保养	符合归档□　　不符合归档□	
4	机房整洁情况	好□　　较好□　　较差□　　差□	
	作业环境	安静□　　较安静□　　吵闹□ 无闲杂人员□　　有闲杂人员□	
5			
6			
7			
8			
9			
10			

测绘工程监理员：

年　　月　　日

附表 10　监理日志

测绘工程监理单位：　　　　　　　　　　　　　　　　页码：

测绘项目名称	

监理工作情况：

测绘工程监理工程师(签字)：

年　　月　　日

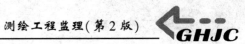

附表 11　监理日记

测绘工程监理单位：　　　　　　　　　　　　　　　　　　　页码：

测绘项目名称	
监理工作情况：	
	测绘工程监理员(签字)： 　　年　　月　　日

附表 12　旁站监理表

测绘生产单位：　　　　　　　　　　　　　　　　　　编号：

生产工序		作业地点	
仪器设备		作业人员	

作业内容描述：

作业规范性描述：

测绘监理意见：

备注：

测绘项目负责人：　　　　　　　　　　　　测绘工程监理工程师：
　　　年　　月　　日　　　　　　　　　　　　　年　　月　　日

附表 13   会议记录

文档编号		测绘工程监理单位	
时间		地点	
参加人员			
议题			

主要内容

| 记录人 | |

附表 14 会议纪要

编号：

名称			
时间		地点	
出席单位	出席会议人员名单		
	姓名	职务	职称
业主单位			
测绘生产单位			
测绘工程监理单位			
会议纪要	（此栏空间不够可另加附页）		

附表 15　监理指令

编号：

测绘生产单位		作业工序	整改期限	

问题描述				
处理要求				
测绘工程监理		经办人	签收人	
日期		日期	日期	
项目实施处理情况回馈	签字(章) 　　年　　月　　日			
监理单位复核意见	签字(章) 　　年　　月　　日			
备注				

注：当发生较大问题时，发出监理指令(不须现场发出)。本表一式二份，测绘工程监理单位、测绘生产单位各一份。

附表16　现场指令

编号：

测绘生产单位		现场负责人	

致(测绘生产单位现场负责人)：

　　请你按下述指令要求执行：

测绘工程监理工程师：

年　　月　　日

(测绘生产单位处理意见)：

测绘生产单位现场负责人：

年　　月　　日

测绘工程监理单位复核确认意见

测绘工程监理工程师：

年　　月　　日

备注：

注：本表适用于现场一般性问题的纠正,必须现场发出。本表一式二份,测绘工程监理单位、测绘生产单位各一份。

附表 17　测绘监理检查记录表

测绘生产单位：　　　　　　　　　　　　　　　　　　　　　编号：

序号	检查内容	符合情况	处理意见	修改情况

测绘工程监理检查意见：

　　　　　　　　　　　　　　　　　　　　　　　测绘工程监理工程师：

　　　　　　　　　　　　　　　　　　　　　　　　年　　月　　日

附表 18　测绘工程监理协调记录表

编号：

协调单位		协调时间	
被协调单位	单位名称	参与人	
协调内容			
协调结果			
备注			

填表者：

年　　月　　日

附表 19　测绘工程监理工程师通知书

编号：

致：(测绘生产单位)
(通知内容)
<div align="right">测绘工程监理工程师： 年　　月　　日</div>

回执：
第　　　　　号测绘工程监理工程师通知书已于　　　年　　月　　日收到，我单位将根据通知内容执行。
<div align="right">测绘项目负责人： 年　　月　　日</div>

附表 20　测绘工程质量问题监理处理意见

编号：

测绘生产单位			
作业工序		批次	
测绘工程监理工程师		参加人数	

存在的主要质量问题及处理意见：
　　（包括整改范围和整改期限）

　　　　　　　　　　　　　　　　　　　　　　测绘工程监理工程师签字：
　　　　　　　　　　　　　　　　　　　　　　　　　年　　月　　日

测绘生产单位意见：

　　　　　　　　　　　　　　　　　测绘生产单位负责人（或代表）签字：
　　　　　　　　　　　　　　　　　　　　　　　　　年　　月　　日

注：本表一式两份，测绘工程监理单位、测绘生产单位各一份。

附表 21

<h1 style="text-align:center">停工通知单</h1>

致:_____

经业主方审核,你单位_____工序工作因_____原因,造成

_____。测绘工程项目监理组现责令停工整改,整改期限为_____

工作日。

特此通知。

测绘总监理工程师:

年   月   日

附表 22

开(复)工通知单

　　致:＿＿＿＿＿＿＿＿＿＿＿＿

　　经测绘项目监理方审核,业主方批准,你单位＿＿＿＿＿＿＿＿＿＿＿＿工序的工作可以开始(恢复)实施。

　　特此通知。

                                            测绘总监理工程师:

                                               年　　月　　日

附表 23　报验申请单

编号：

测绘生产单位：
（测绘监理方）＿＿＿＿＿＿＿： 　　我单位(项目名称或主要工序名称)＿＿＿＿＿＿＿＿现已按要求于＿＿＿＿年＿＿月＿＿日完成，并已通过自检,特报请进行检查。 　　在通过检查后,我们将在责任期内继续按测绘合同要求,履行缺陷修补、完成未完成项目的责任,直到符合测绘合同和技术设计要求为止。   　　（附:阶段性技术总结和检查报告）   <div align="right">测绘生产单位： 年　　月　　日</div>

测绘工程监理工程师审核意见：	测绘工程总监理工程师审核意见：
      测绘工程监理工程师： 　　　　　年　　月　　日	 测绘工程总监理工程师： 　　　　　年　　月　　日

附表 24　事故报告单

测绘生产单位：　　　　　　　　　　　　　　　　　　　　　编号：

测绘工程监理方： 　　　　年　　月　　日，在_____发生_____事故，报告如下：
事故原因（初步调查结果或现场报告情况）：
事故性质：
造成后果：
初步处理意见及应急措施：
测绘工程监理方核实情况：
报告人：　　　　　　　　　　　　　　　　　　年　　月　　日
签收人：　　　　　　　　　　　　　　　　　　年　　月　　日

附表 25　测绘工程进度控制表

编号：

序号	工序名称	计划进度	时间进度	备注

测绘工程监理工程师：

年　月　日

附表 26 　　　　　　　　　阶段监理记录

编号：

内　容

测绘工程总监理工程师：

年　　月　　日

附表 27　合同款支付证书

测绘项目名称：   编号：

致：＿＿＿＿＿＿＿（业主）

　　根据测绘合同的规定,经审核测绘生产单位的付款申请和报表,并扣除有关款项,同意本期支付合同款共(大写)＿＿＿＿＿＿＿＿＿＿＿＿＿＿＿＿＿＿＿＿＿＿

　　(小写：＿＿＿＿＿)。请按测绘合同规定及时付款。

　　其中：

　　1.测绘生产单位申报款为：

　　2.经审核测绘生产单位应得款为：

　　3.本期应扣款为：

　　4.本期应付款为：

测 绘 项 目 监 理 部：＿＿＿＿＿＿＿＿＿

测绘工程总监理工程师：＿＿＿＿＿＿＿＿＿

日　　　期：＿＿＿＿＿＿＿＿＿

测 绘 生 产 单 位 (章)：＿＿＿＿＿＿＿＿＿

测 绘 工 程 项 目 经 理：＿＿＿＿＿＿＿＿＿

日　　　期：＿＿＿＿＿＿＿＿＿

附表 28 _____ 资料交接记录表

移交单位：

接收单位：

序号	资料名称	计量单位	数量	移交者	接收者	日期	备注

附表 29　资料管理监理表

测绘生产单位：　　　　　　　　　　　　　　　　　　　　　　编号：

序号	监理项目	监理情况	备注
1	资料管理规章制度	有□　　醒目□　　完整□　　无□	
2	基础资料存放	符合规定□　　一般□　　不符合规定□	
3	图纸存放	符合规定□　　一般□　　不符合规定□	
4	数据存放	符合规定□　　一般□　　不符合规定□	
5	过程成果存放	符合规定□　　一般□　　不符合规定□	
6	资料出入手续	完整□　　一般□　　不完整□	
7			
8			
9			
10			
11			
12			
13			
14			

　　　　　　　　　　　　　　　　　　　　　　测绘工程监理员：

　　　　　　　　　　　　　　　　　　　　　　　　年　　月　　日

附表 30 测绘监理信息文件收、发放记表

第 页 共 页

序号	文件名称	发件人	发件时间	签收单位	签收人	是否反馈	反馈情况

参 考 文 献

[1] 周园.测绘工程监理[M].郑州:黄河水利出版社,2013.

[2] 李恩宝.测绘工程监理[M].北京:测绘出版社,2008.

[3] 孔祥元.测绘工程监理学[M].武汉:武汉大学出版社,2008.

[4] 黄华明.测绘工程管理[M].北京:测绘出版社,2011.

[5] 郭阳明.工程建设监理概论[M].北京:北京理工大学出版社,2009.

[6] 谢延友,张玉福.建设工程监理概论[M].郑州:黄河水利出版社,2009.

[7] 王海周,杨胜敏.水利工程建设监理[M].郑州:黄河水利出版社,2010.

[8] 钟汉华,张希中.建筑工程监理[M].北京:中国水利水电出版社,2009.

[9] 国家测绘局职业技能鉴定指导中心.测绘管理与法律法规[M].北京:测绘出版社,2009.

[10] 中国建设监理协会.建设工程合同管理[M].北京:知识产权出版社,2010.

[11] 中华人民共和国国家质量监督检验检疫总局,中国国家标准化管理委员会.质量管理体系 基础和术语:GB/T 19000—2016[S].北京:中国标准出版社,2017.

[12] 中华人民共和国国家质量监督检验检疫总局,中国国家标准化管理委员会.质量管理体系 要求:GB/T 19001—2016[S].北京:中国标准出版社,2017.

[13] 中华人民共和国国家质量监督检验检疫总局,中国国家标准化管理委员会.追求组织的持续成功 质量管理方法:GB/T 19004—2011[S].北京:中国标准出版社,2012.